U0352247

MODERN WORLD ARCHITECTURE COLLECTION

OFFICE BUILDING

当代世界建筑集成

办公建筑

曾江河　编

图书在版编目（CIP）数据

办公建筑 / 曾江河编. — 天津 : 天津大学出版社, 2013.4
（当代世界建筑集成）
ISBN 978-7-5618-4667-4
Ⅰ. ①办… Ⅱ. ①曾… Ⅲ. ①办公建筑—建筑设计—作品集—世界—现代 Ⅳ. ①TU243
中国版本图书馆CIP数据核字(2013)第089195号

总 编 辑 上海颂春文化传播有限公司
策　　划 伍丽娟 瞿丹平
责任编辑 陈柄岐
美术编辑 孙筱晔

出版发行 天津大学出版社
出 版 人 杨欢
地　　址 天津市卫津路92号天津大学内（邮编：300072）
电　　话 发行部 022-27403647
网　　址 publish.tju.edu.cn
印　　刷 深圳市彩美印刷有限公司
经　　销 全国各地新华书店
开　　本 230mm×300mm
印　　张 20
字　　数 230千
版　　次 2013年5月第1版
印　　次 2013年5月第1次
定　　价 298.00元

序

大多数人都体验过公共建筑，这是一个可以分享经验的有价值的地方。可以通过分享经验来创造时代，每个建筑都会成为被未来接纳的角色。

办公建筑提倡人性化的沟通与交流，引导智能化和资源共享，强化绿色环保办公理念，以满足全球经济一体的需要。

本书收录了世界各地众多已经建成的办公建筑精品，这些充满着美感和以实用主义为基调的成熟的办公建筑是与城市互动的，集卓越的物理功能与心理功能为一体的，是外在品质和内在品质的完美统一，是具有独特个性和鲜明主题的。

书中充分体现了各类办公建筑在功能性，地域性，创造性等多元素差异的设计及亮点。我们也希望可以在某种程度上扩展设计师对建筑的介绍和诠释，并且通过对不同类型、不同地域的数十类办公建筑的大量实景图、模型图、技术图、平立面图等丰富而充实的解读，注重设计创新和新型技术的运用，还原设计本质，关注建筑细部，充分理解设计师匠心独运的设计理念和构思，甚至可以让人想象出隐藏在作品背后的本性。

正如马里奥 博塔所说：“那种将人类作为主角而且能够激发象征和隐喻含义的建筑是今天我们所有人都非常需要的。”

万般皆有规律，而新的设计也将于不久的将来向我们一一展示，相信本书可以带给您鉴赏设计的实效和愉悦。

UA国际合伙人 张晟

二零一三年三月 于上海

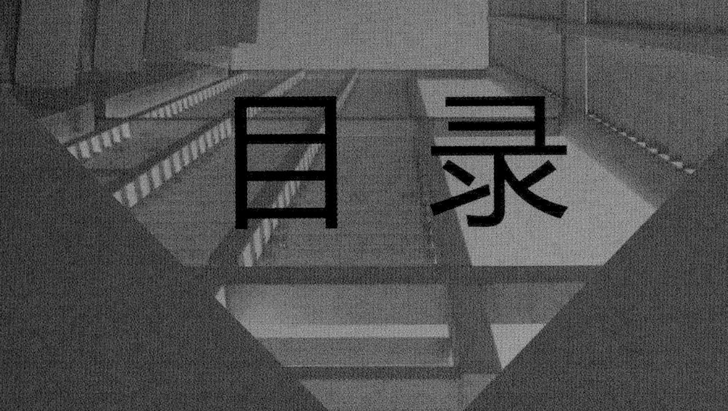

目录

008 企业大厦

018 欧洲塔办公楼

030 阿德莱迪湾大厦

038 百年广场

046 联合国贸易总部

056 马尼托巴水电大楼

064 阿姆斯特丹双子塔

072 欧米茄大厦

080 Q1区裙楼设计

086 三里屯SOHO

094 阿姆斯特丹安卓信用保险银行新总部大楼

106 加里波第广场—B座

110 魁北克公司总部大楼

120 马克菲尔工业集团新总部大楼

126 罗西那全球总部大厦

144 卡尔梅里特寺院

150 4C大厦—中国会议服务中心

162 里昂卡斯蒂利亚神经科学研究院（INCYL）

178 中央大厦

186 比伦德机场停车场大楼

192 奥地利钢铁联合公司财务部与商务部大楼

202 达拉谟联合法院

212 780酒业大厦改建项目

216 布来梅大学多功能高层大楼改扩建项目

222 先锋报办公大楼

230 维尔邦德总部

238 恩格伦养老院

242 1号展览办公室

250 中央统计局大楼

258 丁香门ZAC办公楼与公共空间

262 EON软件园（凋落的莲花）

270 无限论坛研发中心

278 Aalta

284 辉瑞加拿大公司总部大楼

296 沙乐华总部大楼

306 严实公司总部

办公建筑

企业大厦

设计单位：阿迪提+RDT建筑师事务所
项目时间：2006—2009年
项目地点：墨西哥圣达菲市
项目面积：56 000 m^2
摄 影 师：保罗·兹特罗姆

企业大厦项目位于墨西哥圣达菲市，由阿迪提+RDT建筑师事务所设计完成。这是一项前卫的设计方案，有意将这个商业建筑的边界向外拉伸。在这个设计庞大而大胆的建筑项目中，建筑师们试图将建筑的效率、功能性、安全性以及对先进技术的利用做到尽善尽美。

建筑采用有色玻璃外墙，其中核心服务和公共会议室空间共16层，并且通过宽大的楼梯和多部电梯相互连接。中间楼层设有私人会议室和供普通大众使用的商业空间。宏伟的大厅欢迎从街道进入大楼的来访者。地下空间设有6层停车场，而且大楼顶部设有直升机停机坪。

阿迪提+RDT建筑师事务所的设计方案参考了基本的植物形状，将很多功能融入建筑当中，露台及大楼凸出部分形成建筑基座上的一系列遮挡结构。建筑外观能够有效利用墨西哥城地区所拥有的丰富太阳能，减少建筑对能源的需求，进一步改善建筑的立面造型。

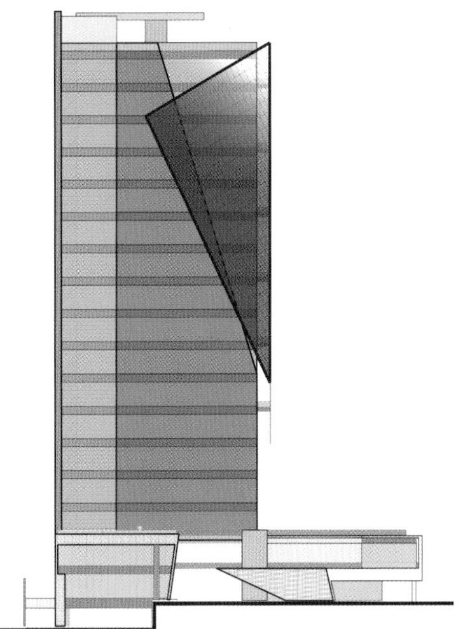

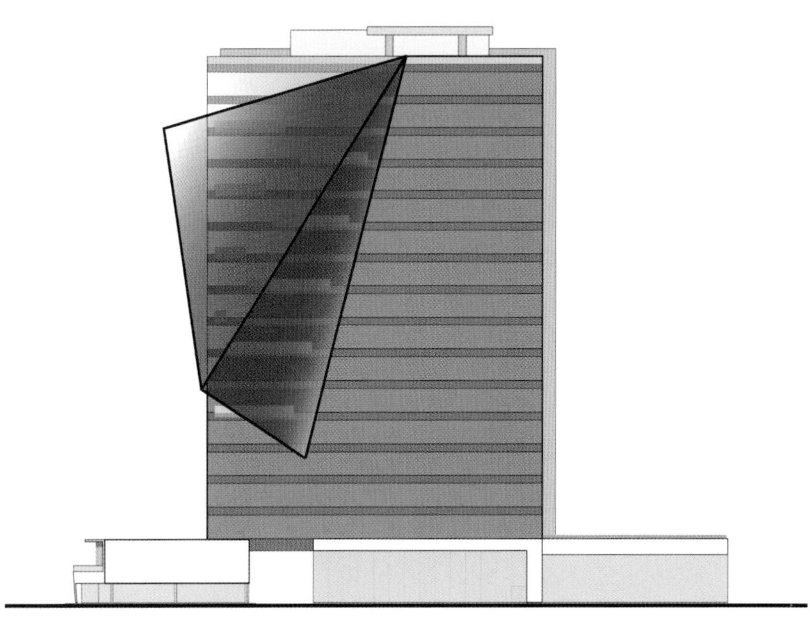

立面图

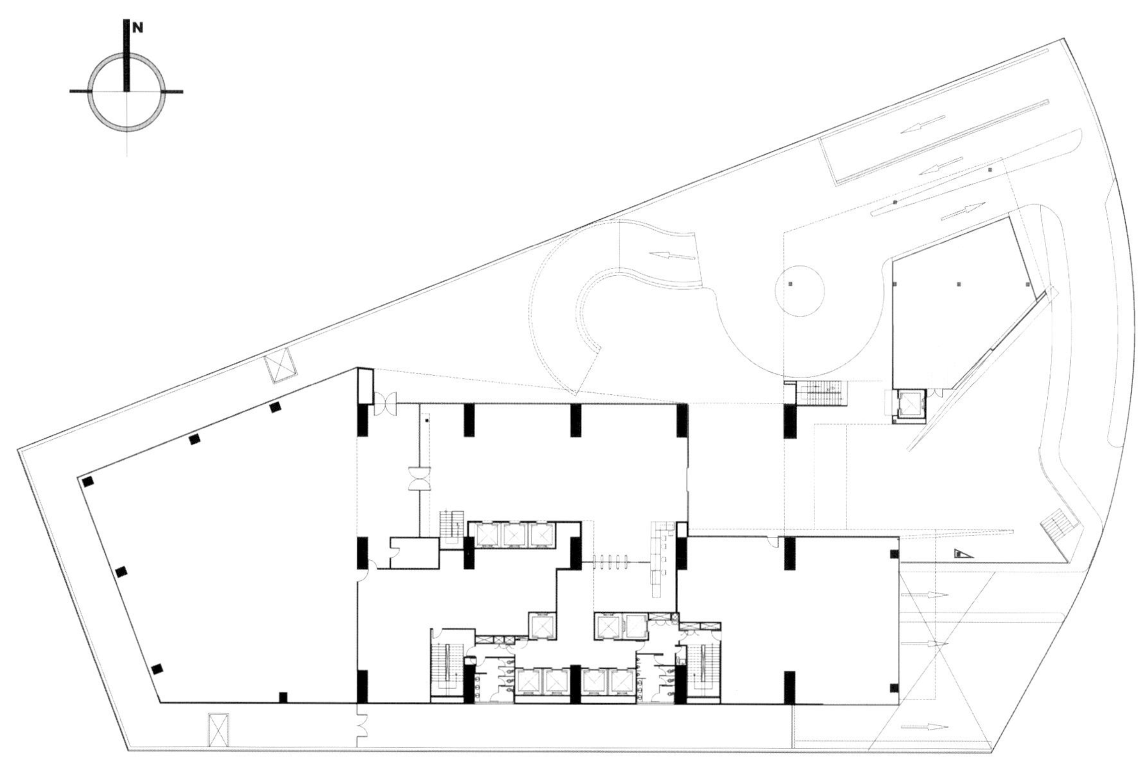
N

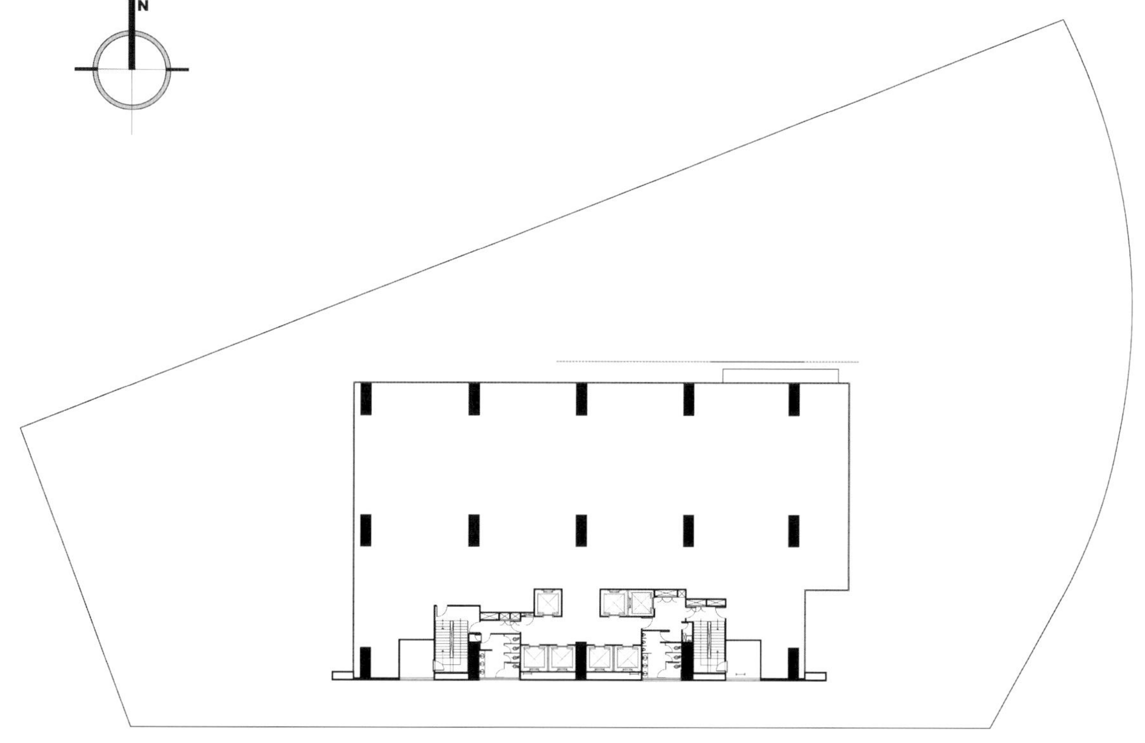
N

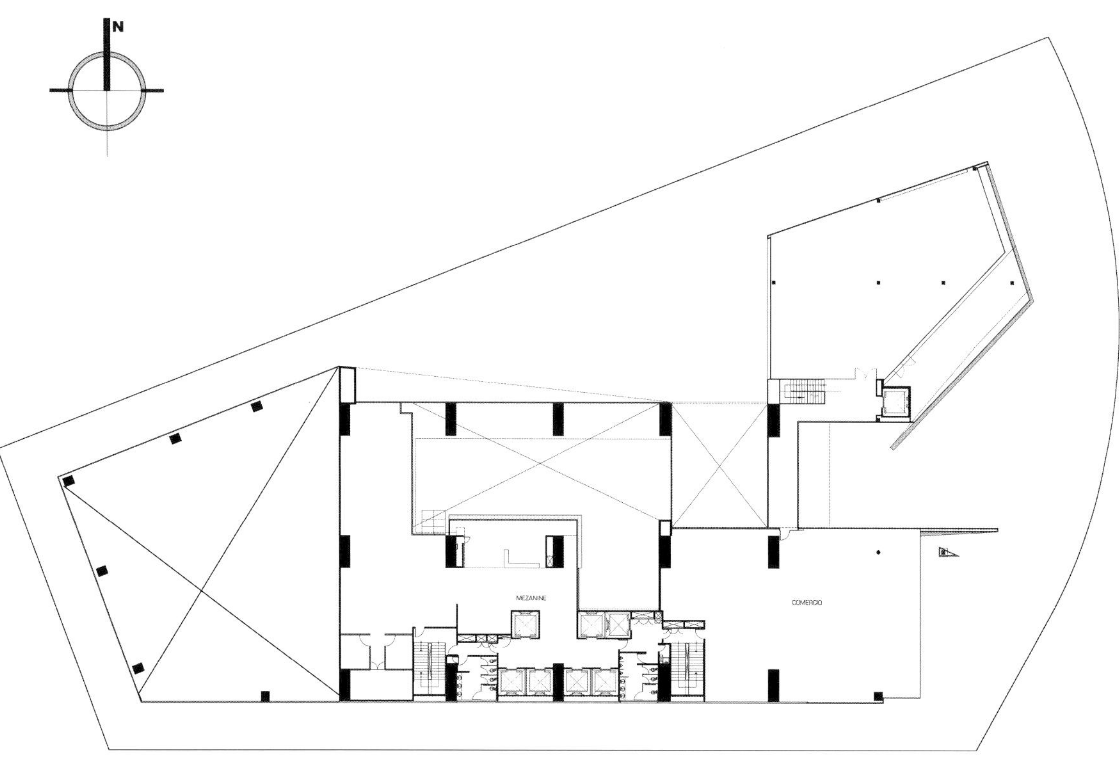
N
MEZANINE
COMERCIO

欧洲塔办公楼

设计单位：D. S. BIROU DE ARHITECTURA
项目时间：2005—2011年
项目地点：罗马尼亚布加勒斯特市
地下面积：9 100 m²（5层）
地上面积：17 500 m²（18层）
摄 影 师：阿德里安·阿伦特、安达·斯特凡、考斯敏·德拉高米尔

三角形项目用地的限制因素可以为大楼打造出一种动态的外形，这一点已经在概念设计中被充分挖掘了。大楼较低的层面形成一个与附近居民楼相连接的裙房。同时，大楼的较高层面则向上升起，在当地成为一个十分引人注目的地标建筑。各座大楼的连接处使用了尖角及柔和的曲线，而外立面的平面则微微倾斜，可以反射光线。该项目拥有一些独一无二的设计，尤其是南斜面上的阳台向外凸出的结构。

高度透明的办公外立面为大楼打造出富有当代气息的形象，向周围区域展示大楼内部的活动情况，同时为大楼用户提供了绝佳的视角。升降机槽坚固的外立面带有小的圆孔，可以展示内部有照明的升降机厢的运动。这些设计使大楼在夜晚同样散发活力。

大楼内部的美学设计是当代商业建筑优秀设计的例证，大楼的设计采用了简单明了的理念，同时使用了天然材料和人造材料。大楼的业主区域将根据适用A类建筑的标准进行设计和施工。

大楼的设计理念是要在效率、形象、便利性、安全性、安保性以及操作维护简易性之间形成适当的平衡。该项目所有元素的设计和规格与其预设的A类开发项目地位以及A类开放项目所隐藏的所有方面相吻合。总体而言，人们认为该项目在所有操作方面都应当按照欧洲标准进行。在项目的设计过程中，当地标准被认为在项目性能方面发挥很小的作用。

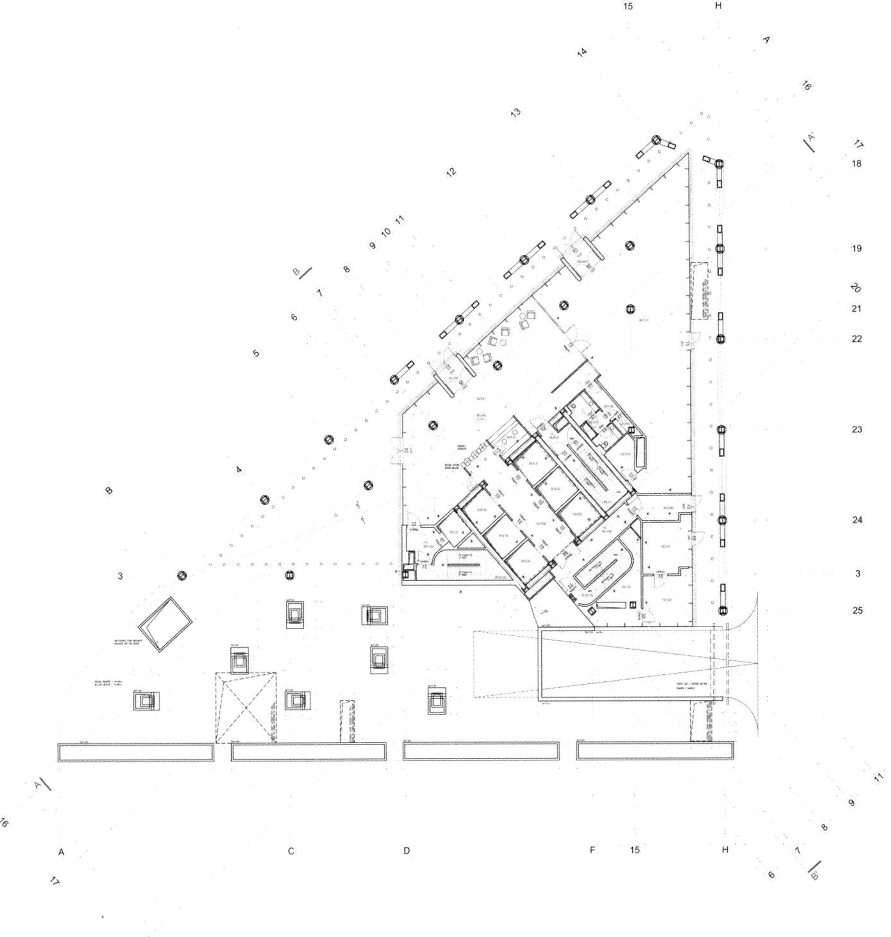

地面层平面图

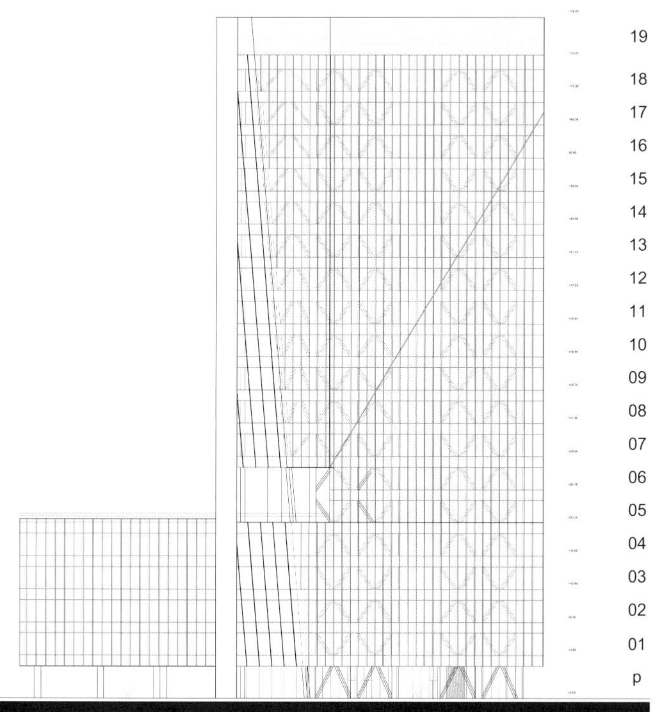
19
18
17
16
15
14
13
12
11
10
09
08
07
06
05
04
03
02
01
p

东立面图

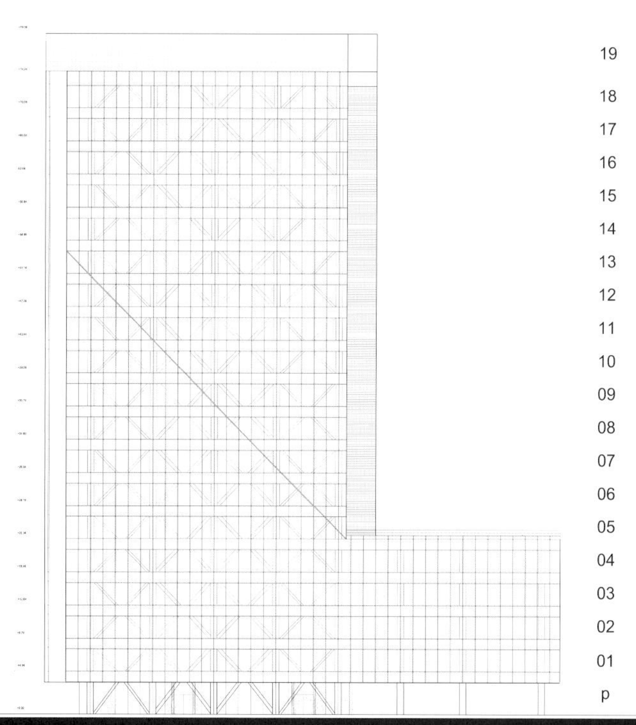
19
18
17
16
15
14
13
12
11
10
09
08
07
06
05
04
03
02
01
p

西立面图

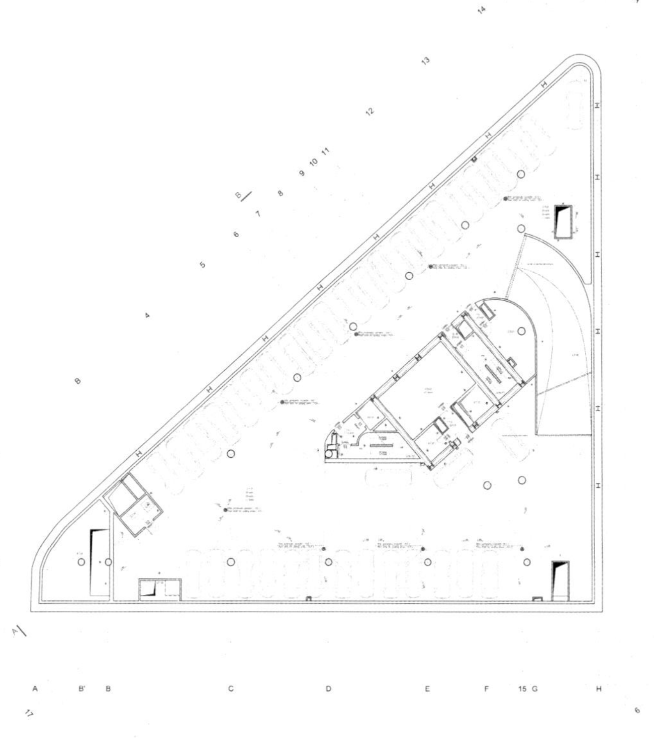

地下室标准层平面图

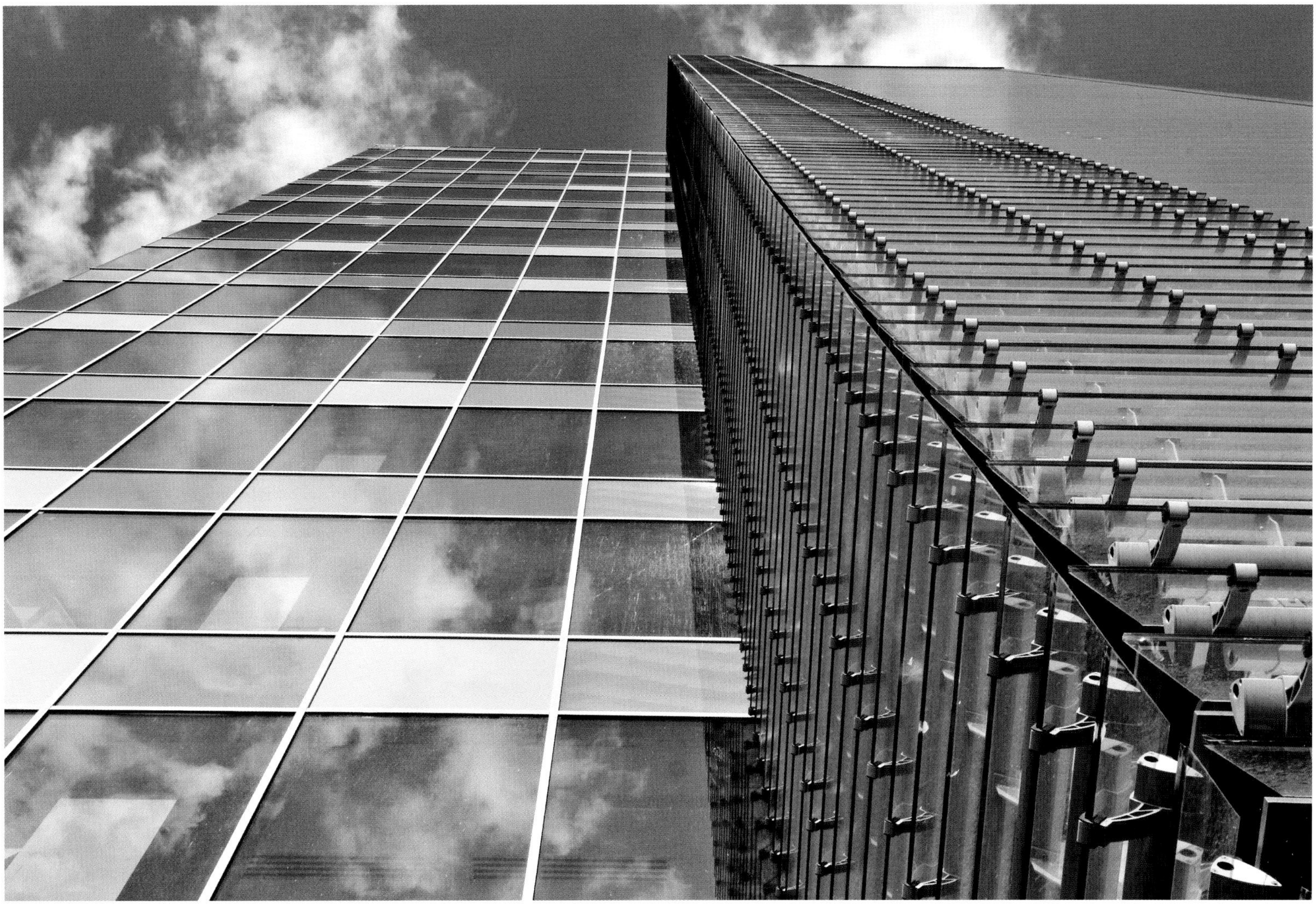

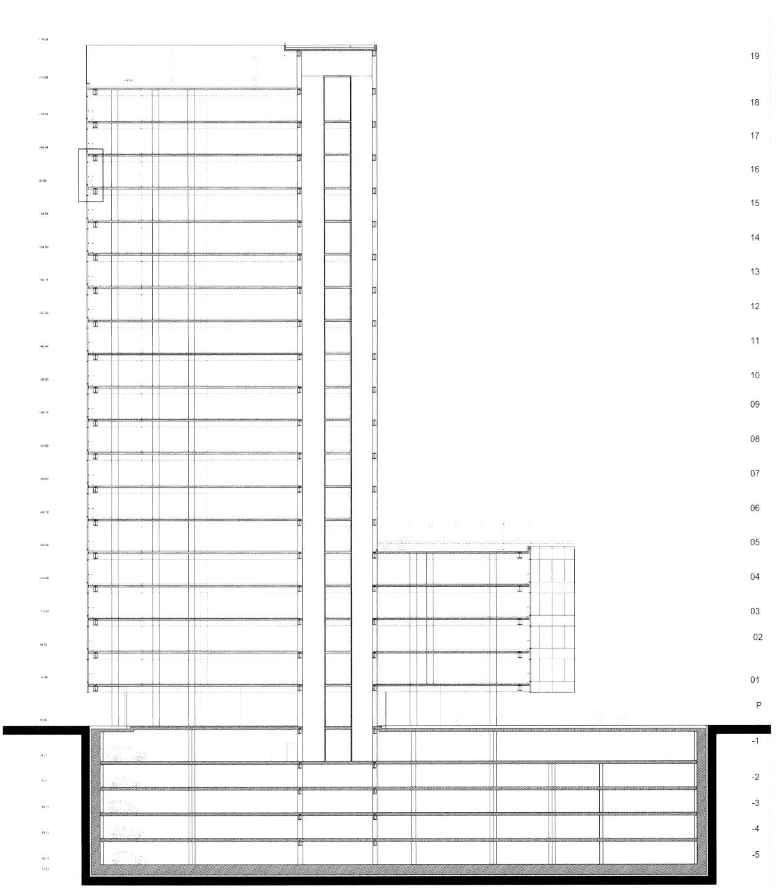
19
18
17
16
15
14
13
12
11
10
09
08
07
06
05
04
03
02
01
P
-1
-2
-3
-4
-5

剖面图 1

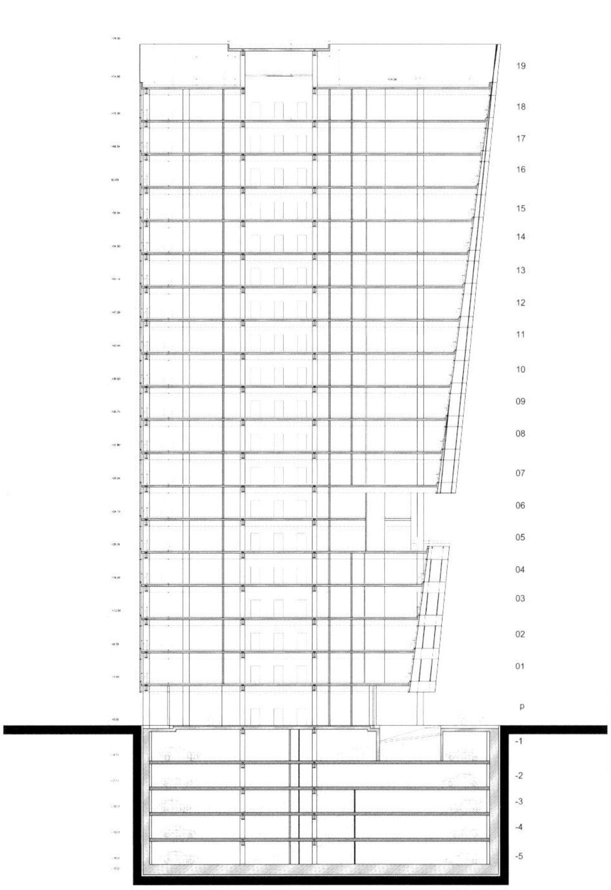
19
18
17
16
15
14
13
12
11
10
09
08
07
06
05
04
03
02
01
p
-1
-2
-3
-4
-5

剖面图 2

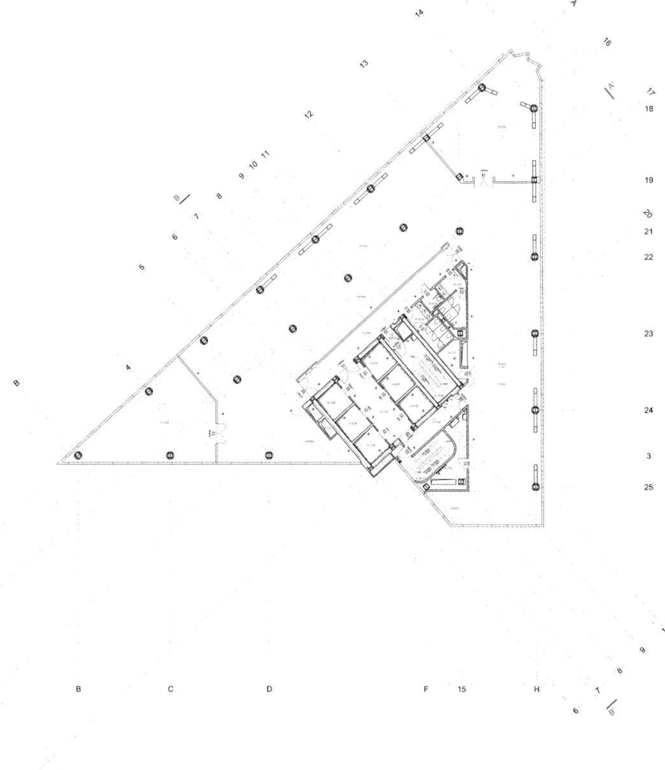

标准层平面图

EURO TOWER

阿德莱迪湾大厦

设计单位：WZMH建筑师事务所
竣工时间：2010年
项目地点：加拿大安大略省多伦多市
项目面积：111 000 m²
摄 影 师：汤姆·阿尔班

阿德莱迪湾大厦共51层，与周围银行大厦的规模相似，于2010年1月竣工。该大厦位于多伦多市中心横跨两个街区的一个开发区的西侧边缘。

该项目包括111 000多平方米的3A级办公区以及3 700多平方米与市区交通系统相连的地下零售空间。

新建塔楼是由三个建筑组成的组合体项目的一期工程，三个建筑的中央设有一个城市广场。作为该项目一期工程的一部分，这个城市广场占地约2 000平方米，为公众提供一个休闲娱乐和举办重大活动的公共空间。

大厦位于海湾大街上，采用退台式设计，从街道向内收缩，从而突出街道两旁以“湾街峡谷”而著称的历史建筑物的飞檐线条设计。由夏普曼和奥克莱设计的国会大厦，建成于1926年，改造后的建筑立面与新建大厦实现无缝连接。

海湾大街和阿德莱迪大街交汇的拐角处，高度透明的主大厅墙壁包裹经典白色雪花大理石和非洲樱桃木，路过的行人能够清晰地看到内部空间。夜晚，明亮的大厅如灯塔般照耀着海湾大街和阿德莱迪大街。阿德莱迪大街对面是一个由照明艺术家詹姆斯·土瑞尔设计的公共艺术设施。

该市地下通道系统将联合车站和伊顿中心项目连接。广场内的独特玻璃人行道和办公大厅里的电梯为下方的通道提供良好的照明和方向指引。

TEMPERANCE STREET
ADELAIDE STREET WEST

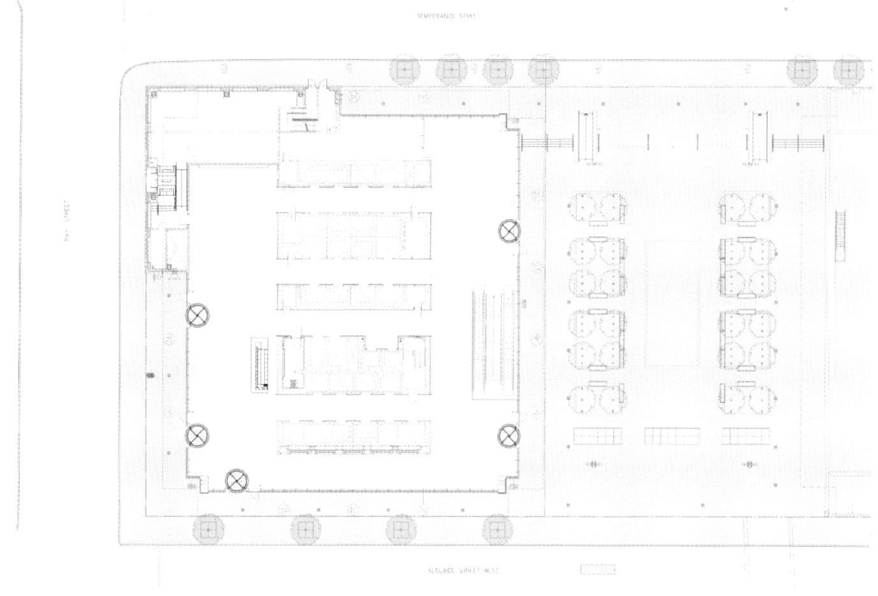

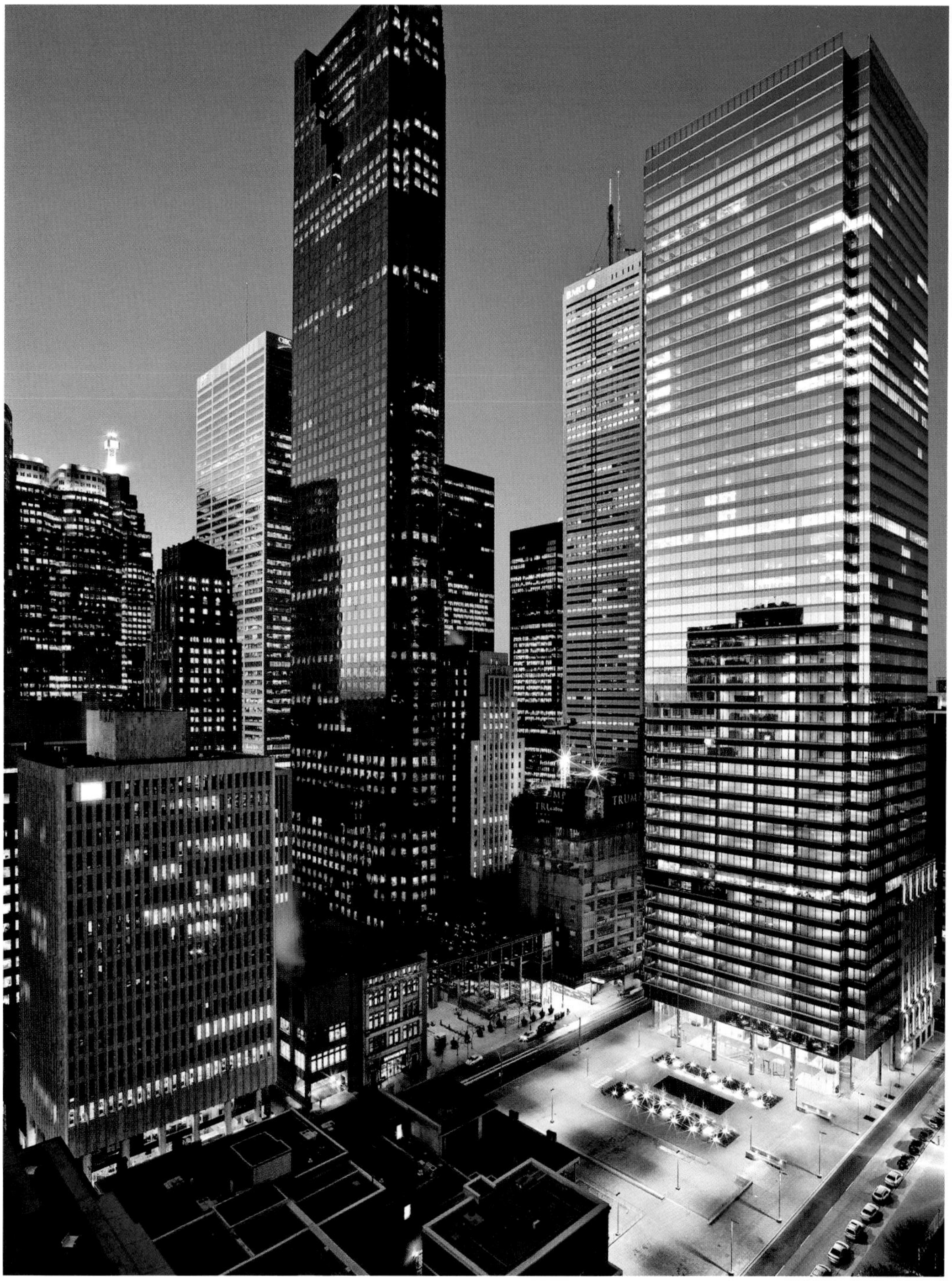

JERSEY BOYS
P
ENTRANCE

ASHLAR
URBAN REALTY INC.
FOR
LEASE
416
205.9222
Adelaide St W

TRUMP

百年广场

设计单位：WZMH建筑师事务所
竣工时间：2010年
项目地点：加拿大艾伯塔省卡尔加里市
项目面积：97 080 m²
摄 影 师：汤姆·阿尔班

百年广场由WZMH建筑师事务所为其长期客户牛津房地产公司设计而成，是加拿大获得商业LEED金奖认证的最大的开发项目。该项目由两座分别为40层和24层的高楼组成，共有9 7080平方米的办公面积。高性能玻璃立面的金属保护层能最大程度地减少阳光射入并防止热量积聚。该设计的活性元素包括雨水收集系统、回水再利用灌溉系统及机械设备中的高效电动机。同时，该设计还利用建筑本身的结构形态创造了最佳的室内环境并将能量需求降到最低。

但是，百年广场并非仅依靠那些持续有效的证书吸引租户。该综合体的设计（WZMH称之为“动态的休闲”）使其从这座城市中的其他办公大楼中脱颖而出。WZMH将两座大楼设计成互为直角竖立，以此挑战规模相当的开发项目的传统设计。

建筑师将两座大楼外立面的建造想象成一个样板制作过程；大楼垂直框架的大小和深度各不相同，使得外立面那巨大的玻璃表面更为活泼、生动。此外，每座大楼的其中一面向内倾斜，这样一来就在两座大楼之间打造“呼吸空间”，从地面到楼顶形成一个尖端，在大楼带照明灯塔的最高层达到终点，大楼因此成为城市内外的焦点。

或许百年广场最重要的方面是它能够在多个层次上将城市联系起来。一个两层楼高的行人广场构架在两座大楼之间，与卡尔加里那独一无二的地上15米高的高架桥相连接。从这座高架桥上，大楼住客和行人可以看见办公大楼宽敞的大厅和新的美食街。美食街坐落在一个金碧辉煌的椭圆形天窗下面。

在同一水平面上，人们通常会忽视卡尔加里的某一面，WZMH已经通过一排零售商店和咖啡馆将百年广场与街道连接起来。在不久的将来，当规划的居民区建成后，这里将变成熙熙攘攘的街区。

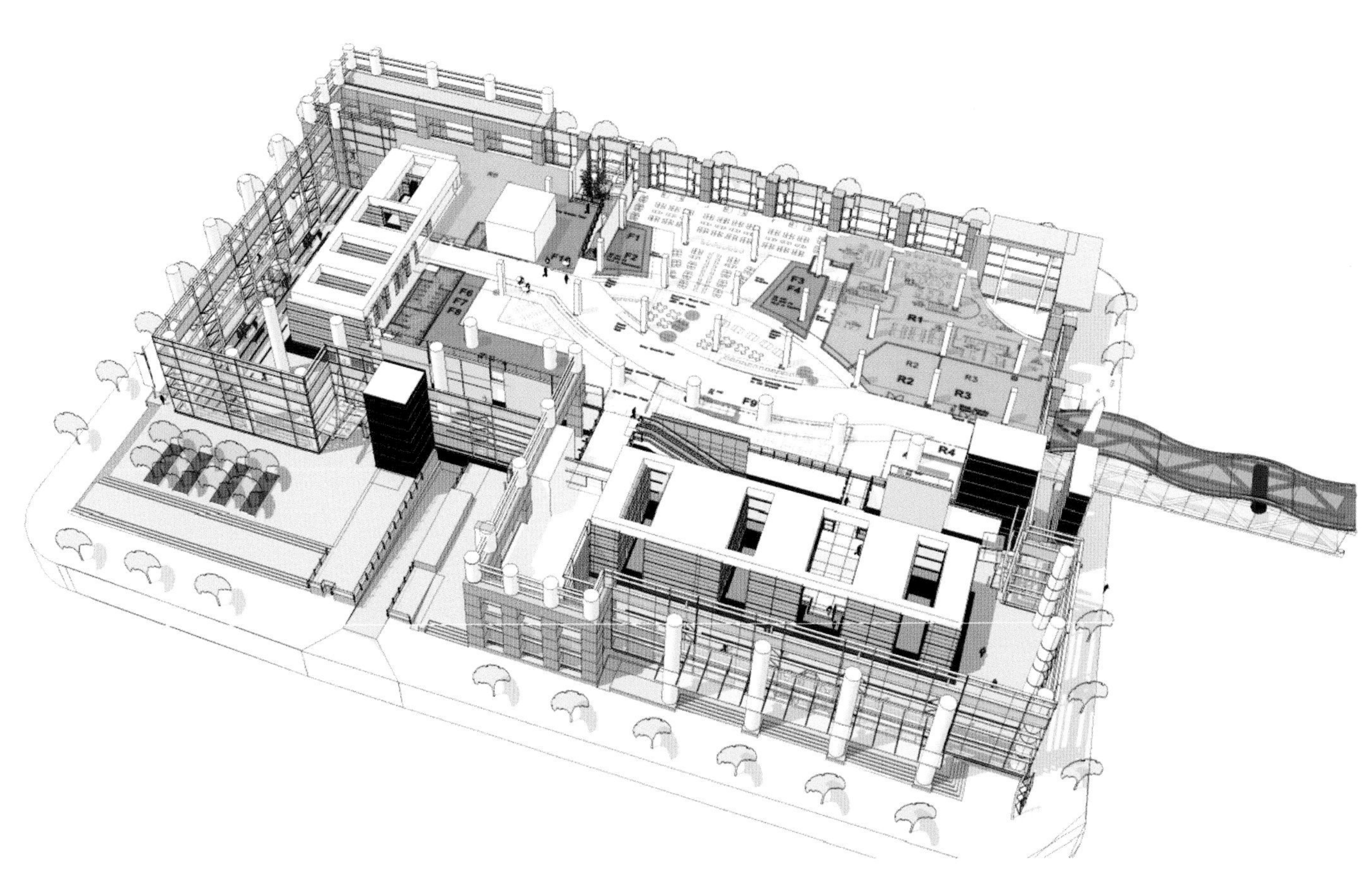

ROGERS
SHAW

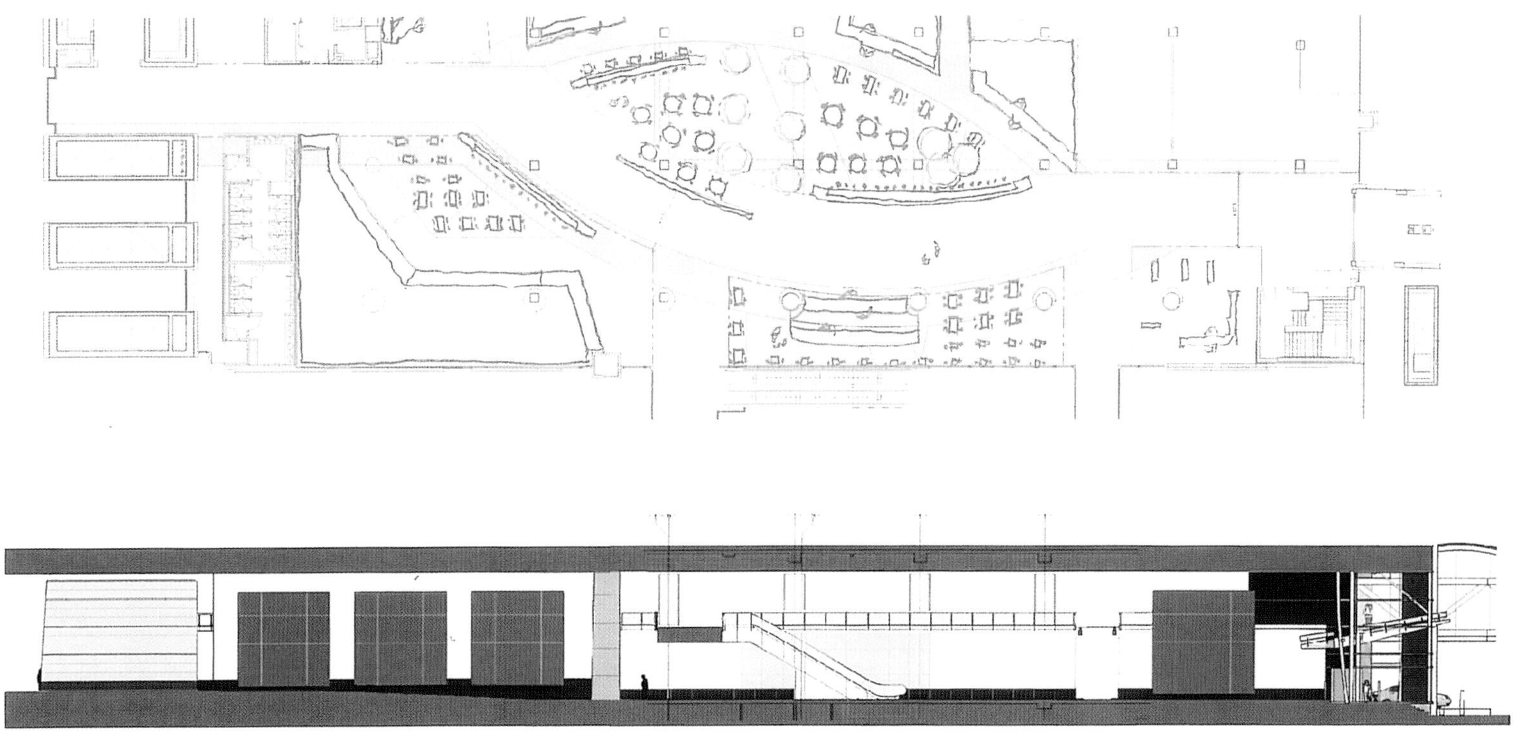

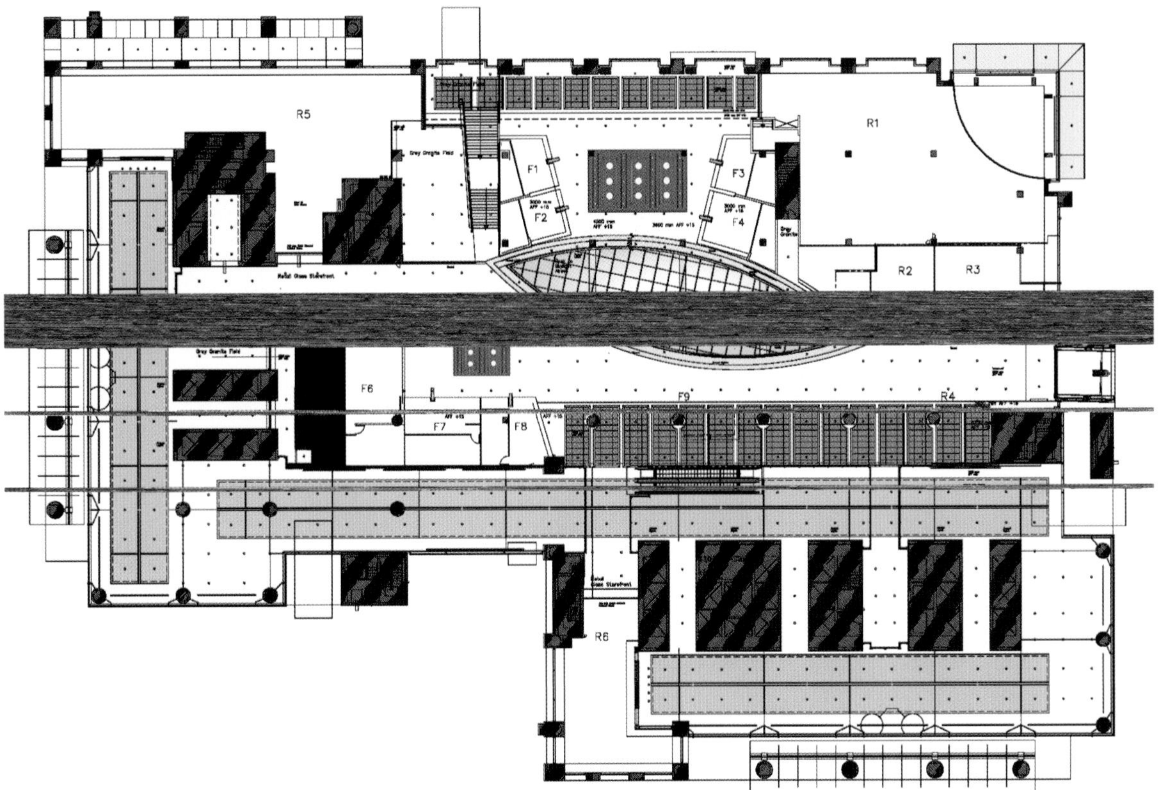
R5
R1
F1
F2
F3
F4
R2
R3
F6
F7
F8
F9
R4
R6

5 ST SW

联合国贸易总部

设计单位：马克·德兹乌尔司基建筑师事务所
项目地点：中国北京市
项目面积：6 000 m^2

该项目是在一次国际竞赛中的获奖设计方案，是中国国内首个联合国总部建筑。项目的要求是在发展中国家推动可更新森林资源的利用以及将其作为可持续建材的快速发展。

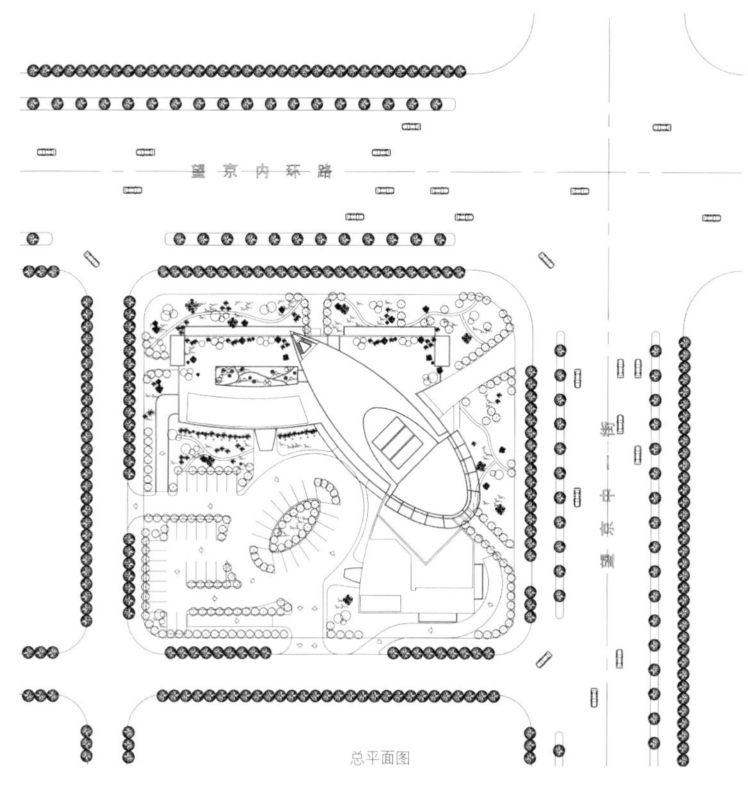

总平面图

准现房热销
84728888

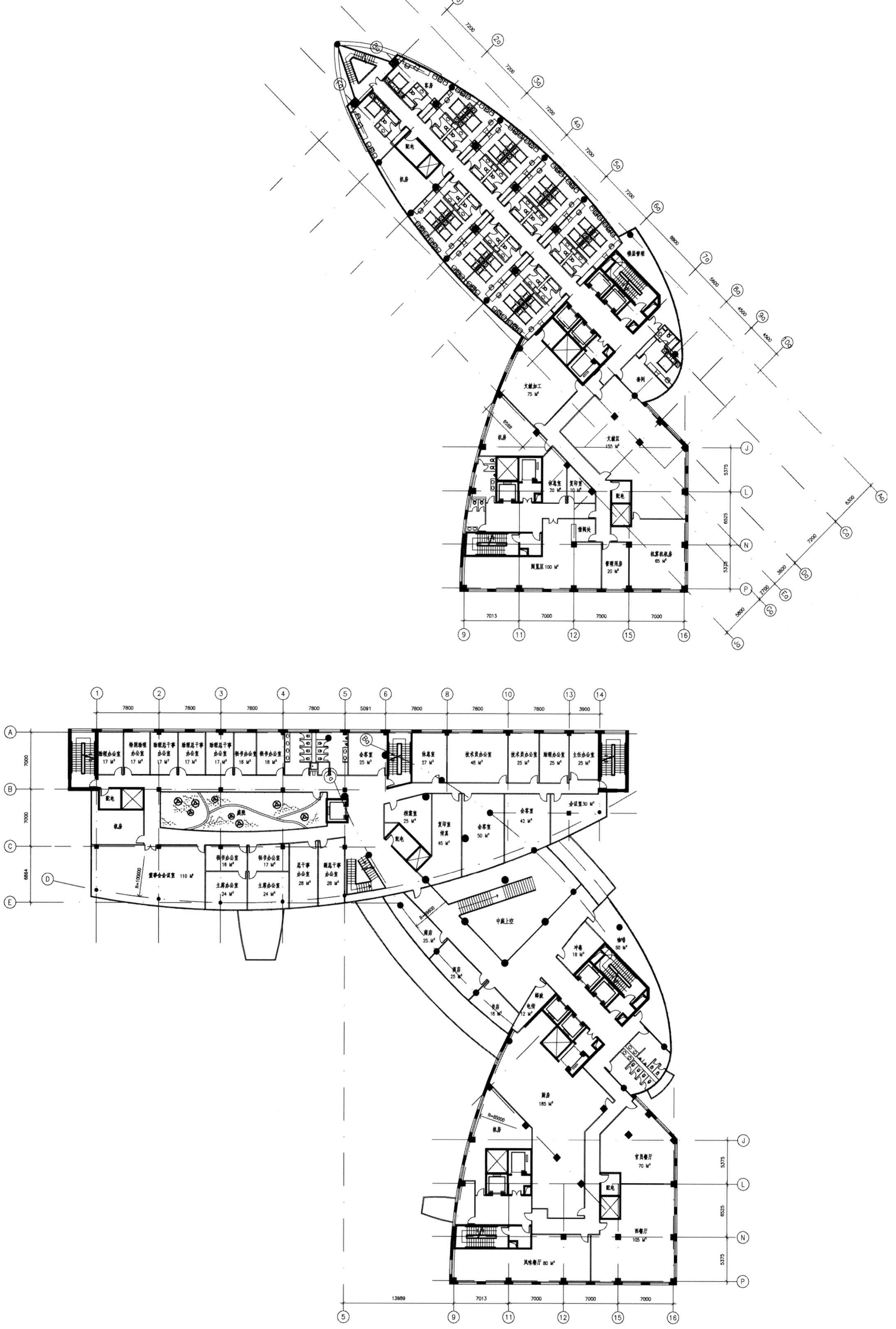

IBR
国际竹藤大厦
INTERNATIONAL
阜通东大街(望京西园)
FUTONG East St
阜荣街
阜荣街
阜通东大街口

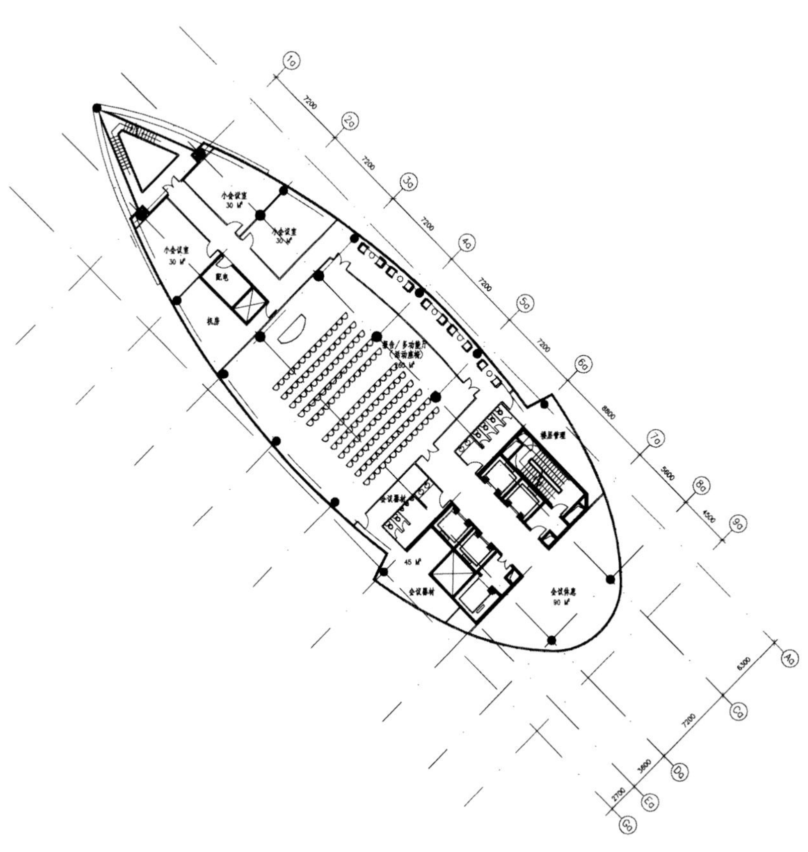

马尼托巴水电大楼

设计单位：KPMB建筑师事务所
竣工时间：2009年
项目地点：加拿大马尼托巴省温尼伯湖市
项目面积：64 588.72 m^2
摄 影 师：格雷·考佩罗、保罗·哈尔伯格、爱德华·胡贝尔

马尼托巴水电大楼已正式开发使用。这座世界级写字楼为下一代极端气候反应型建筑树立了榜样。该座大楼由KPMB建筑师事务所（多伦多）、史密斯·卡特建筑事务所（温尼伯）和特郎索拉尔生态智能技术工程公司（斯图加特）组成的综合设计团队联手设计。该建筑已经获得世界高层建筑和都市住宅协会颁发的“北美最佳高层建筑”大奖，因而引起人们的关注。世界高层建筑协会是高层建筑和都市住宅领域内的国际领先机构。马尼托巴水电大楼还参与竞争了“世界最佳建筑”大奖。该项目引起了国际社会的广泛关注，已经出现在普林斯顿大学出版社、建筑出版社的出版物以及欧洲和亚洲其他各大期刊上。

位于北美洲地理中心的温尼伯是世界上最寒冷的城市之一。自2003年初，该项目客户马尼托巴水电局就设立了宏伟的目标，指定该项目必须在正式的综合设计过程内进行。该项目的设计目标是在-35℃~+34℃温度波动范围内的极端气候条件下，确保项目能优化被动式自由能源，且能全年提供100%的新鲜空气。该项目的设计结合了经过验证的环境理念与先进的科技金属，以打造一座可以动态优化当地气候的“生态建筑”。

与此同时，该建筑还在复兴、发展市中心的过程中扮演重要角色。该建筑需要体现出设计的卓越之处，更重要的是体现出客户的认知，即通过提供一个高支持性的健康的工作环境，使员工成为公司最大的财产。该整体设计方案的最根本的副产品是能获得LEED金奖认证，甚至是LEED铂金认证。

我们为该项目建立了一个专门网站，网站于2009年9月29日正式开通后不久，即添加与综合设计过程有关的文件、已经讨论过的关键元素以及经追踪的建筑性能等相关信息。

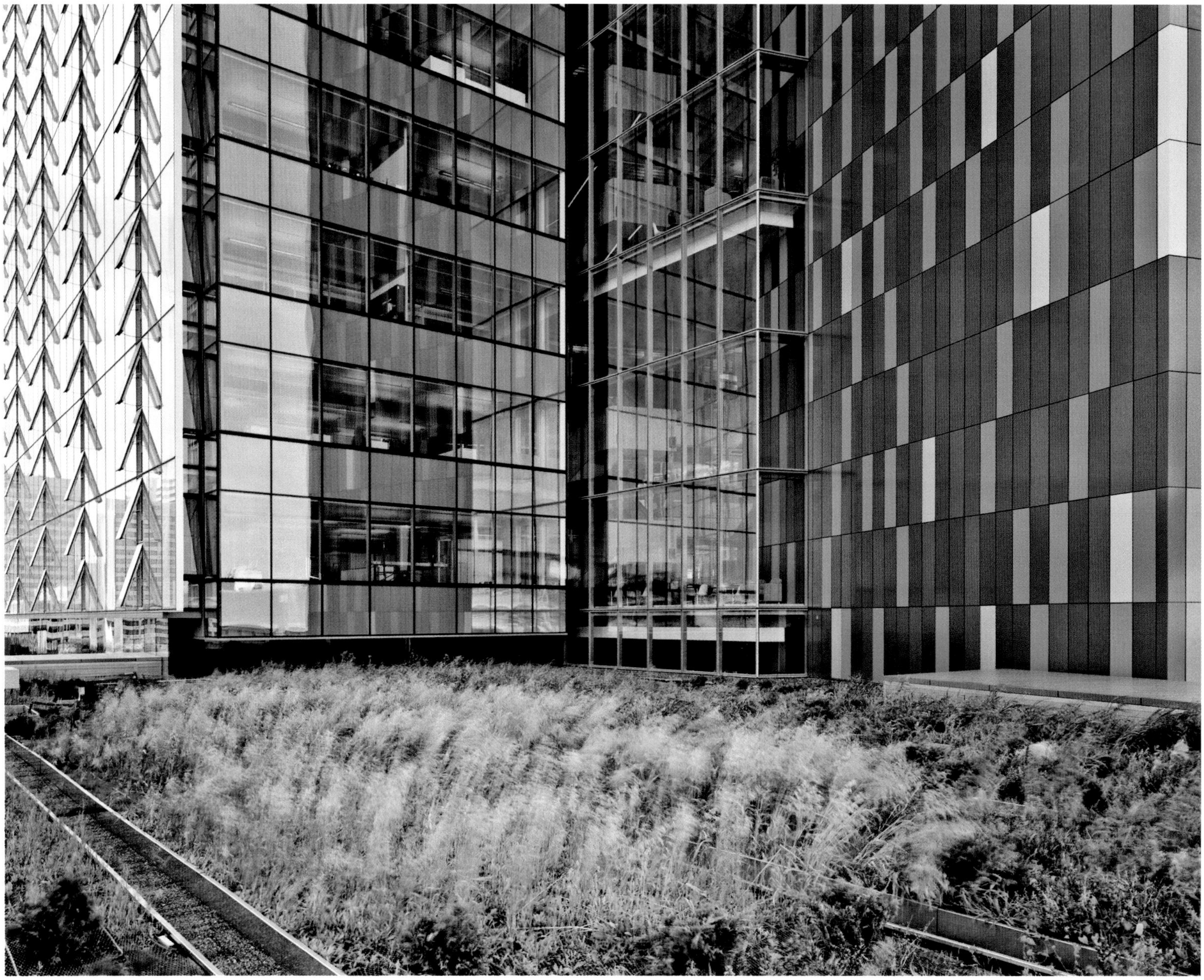

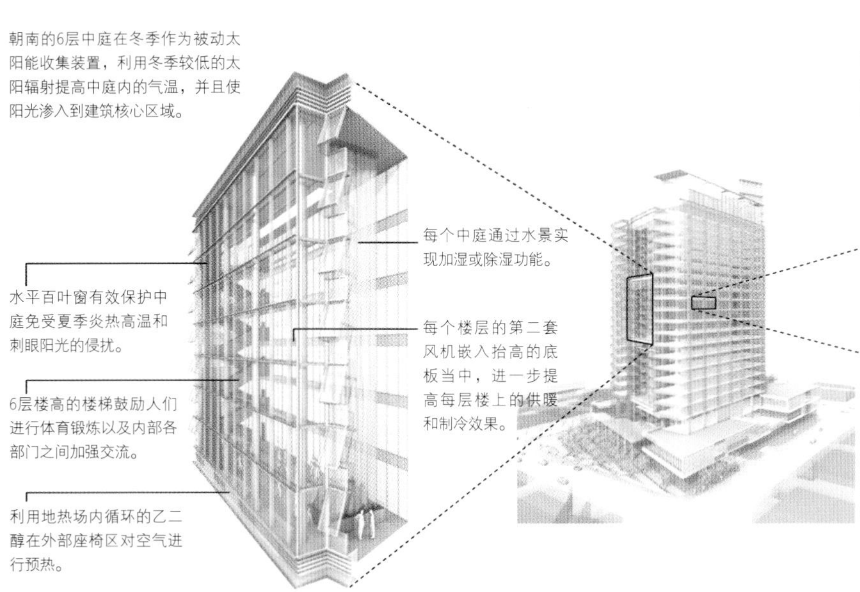

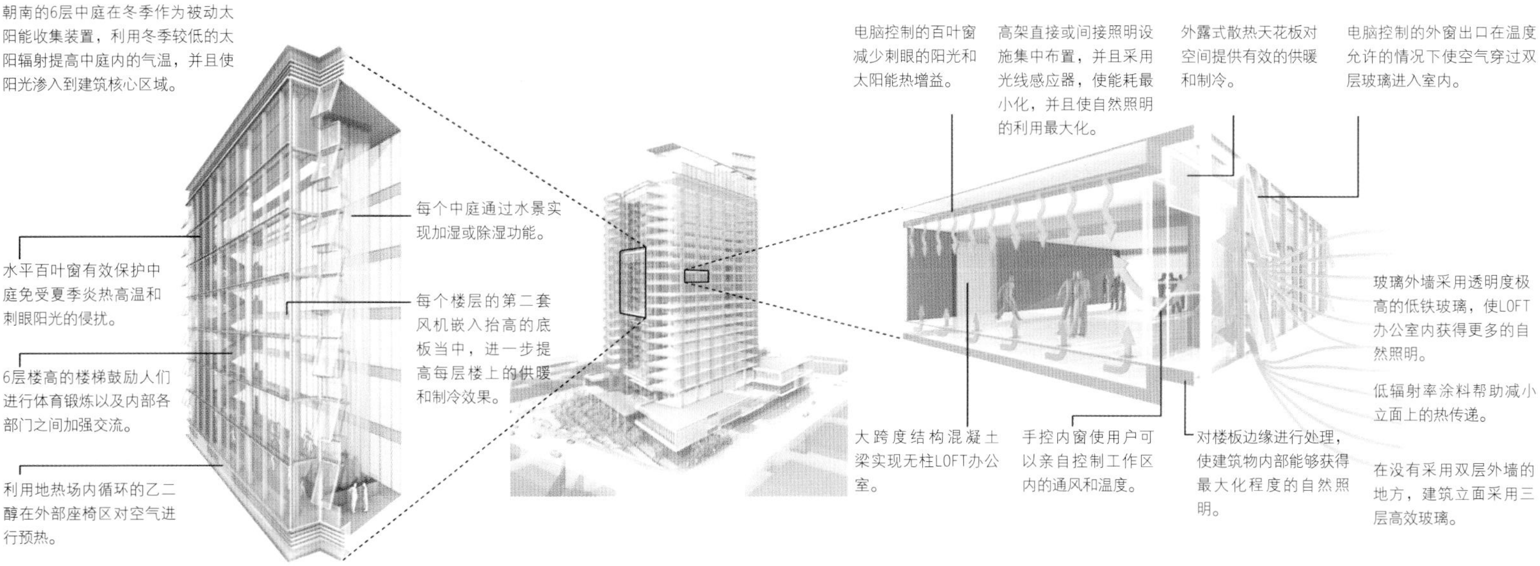

朝南的6层中庭在冬季作为被动太阳能收集装置，利用冬季较低的太阳辐射提高中庭内的气温，并且使阳光渗入到建筑核心区域。
水平百叶窗有效保护中庭免受夏季炎热高温和刺眼阳光的侵扰。
6层楼高的楼梯鼓励人们进行体育锻炼以及内部各部门之间加强交流。
利用地热场内循环的乙二醇在外部座椅区对空气进行预热。
每个中庭通过水景实现加湿或除湿功能。
每个楼层的第二套风机嵌入抬高的底板当中，进一步提高每层楼上的供暖和制冷效果。
电脑控制的百叶窗减少刺眼的阳光和太阳能热增益。
高架直接或间接照明设施集中布置，并且采用光线感应器，使能耗最小化，并且使自然照明的利用最大化。
外露式散热天花板对空间提供有效的供暖和制冷。
电脑控制的外窗出口在温度允许的情况下使空气穿过双层玻璃进入室内。
玻璃外墙采用透明度极高的低铁玻璃，使LOFT办公室内获得更多的自然照明。
低辐射率涂料帮助减小立面上的热传递。
在没有采用双层外墙的地方，建筑立面采用三层高效玻璃。
大跨度结构混凝土梁实现无柱LOFT办公室。
手控内窗使用户可以亲自控制工作区内的通风和温度。
对楼板边缘进行处理，使建筑物内部能够获得最大化程度的自然照明。

侧面四季/夏季环境调节方式：通过大面积可开启式窗户实现自然通风。
温尼伯地区盛行南向大风，将空气引入南侧冬景花园中。
冬景花园6层楼高的中庭作为建筑的呼吸器官，吸入新鲜空气，并且在送入工作区之前对空气进行预处理。
冬季模式下，外部机械单元将空气吸入，并通过地热场进行加热。
当空气进入地板被抬高的配风室后，内部供暖和制冷单元对空气进行进一步处理。
24米高的水景瀑布可以在空气进入建筑物内部时对其进行加湿或除湿处理。
停车场仅有200个停车位，鼓励员工乘坐公共交通工具以及使用市内停车空间。
太阳能烟囱：115米高，利用烟囱效应
侧面四季/夏季环境调节模式：向上抽取废气，并将其排出建筑物。
暴露式天花板采用辐射散热和制冷系统；热空气上升，通过自然压差被吸入北侧中庭。
一周7天24小时，100%新鲜空气通过被抬高的入口楼层引入所有办公室。
冬季模式：将烟囱关闭，使用风机将热废气向下排放，循环利用这些废气对停车场供暖。热交换器重新收集热量，并将其输回到南侧冬景花园中对进气进行预热。
地热系统：280个125米深的井眼将存储在土壤中的多余热量或冷气引入建筑，对建筑内部空气进行调节。
新鲜空气
废气
供热和制冷系统

LOFT办公室

木质挂板

入口天桥

水景

绿化屋顶

南侧小树林

地热井区

停车场

公共广场

阿姆斯特丹双子塔

设计单位：Cie建筑师事务所和AWG建筑师事务所
工程公司：Inbo工程咨询事务所
竣工时间：2009年
项目地点：荷兰阿姆斯特丹市
项目面积：90 000 m^2
摄 影 师：Inbo工程咨询事务所

阿姆斯特丹双子塔项目位于阿姆斯特丹市的南轴上，采用独特的砖块立面。两座塔楼为人们提供了生活、工作以及娱乐空间。建筑内部设有高品质的功能设施和便捷的通道设计，使人们能够方便地到达酒店、餐厅、金融学院，是公寓住户的理想选择。

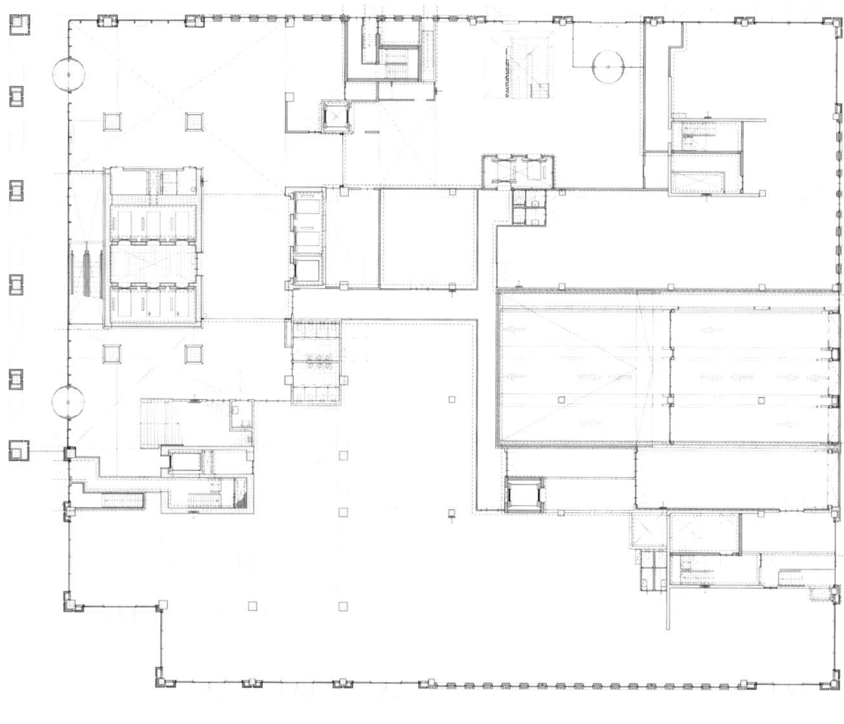

地面层平面图

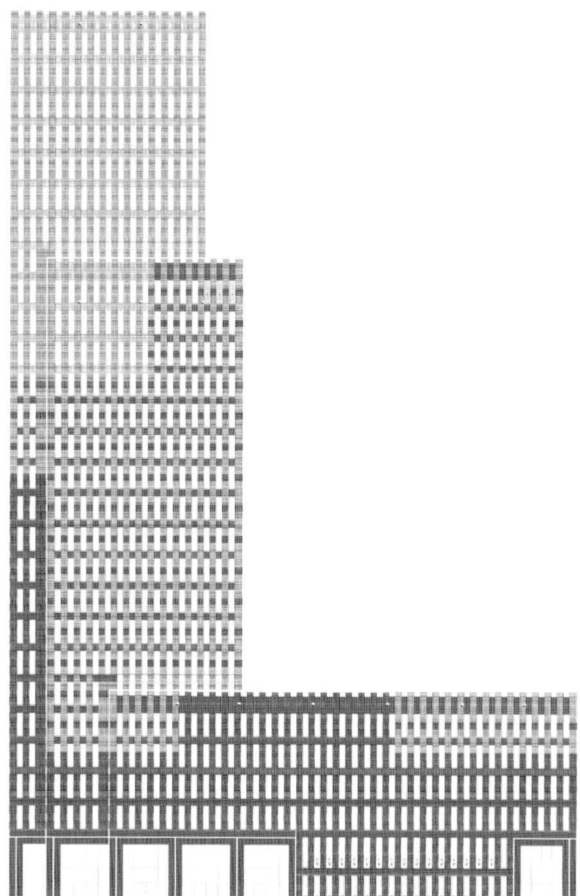

南立面图

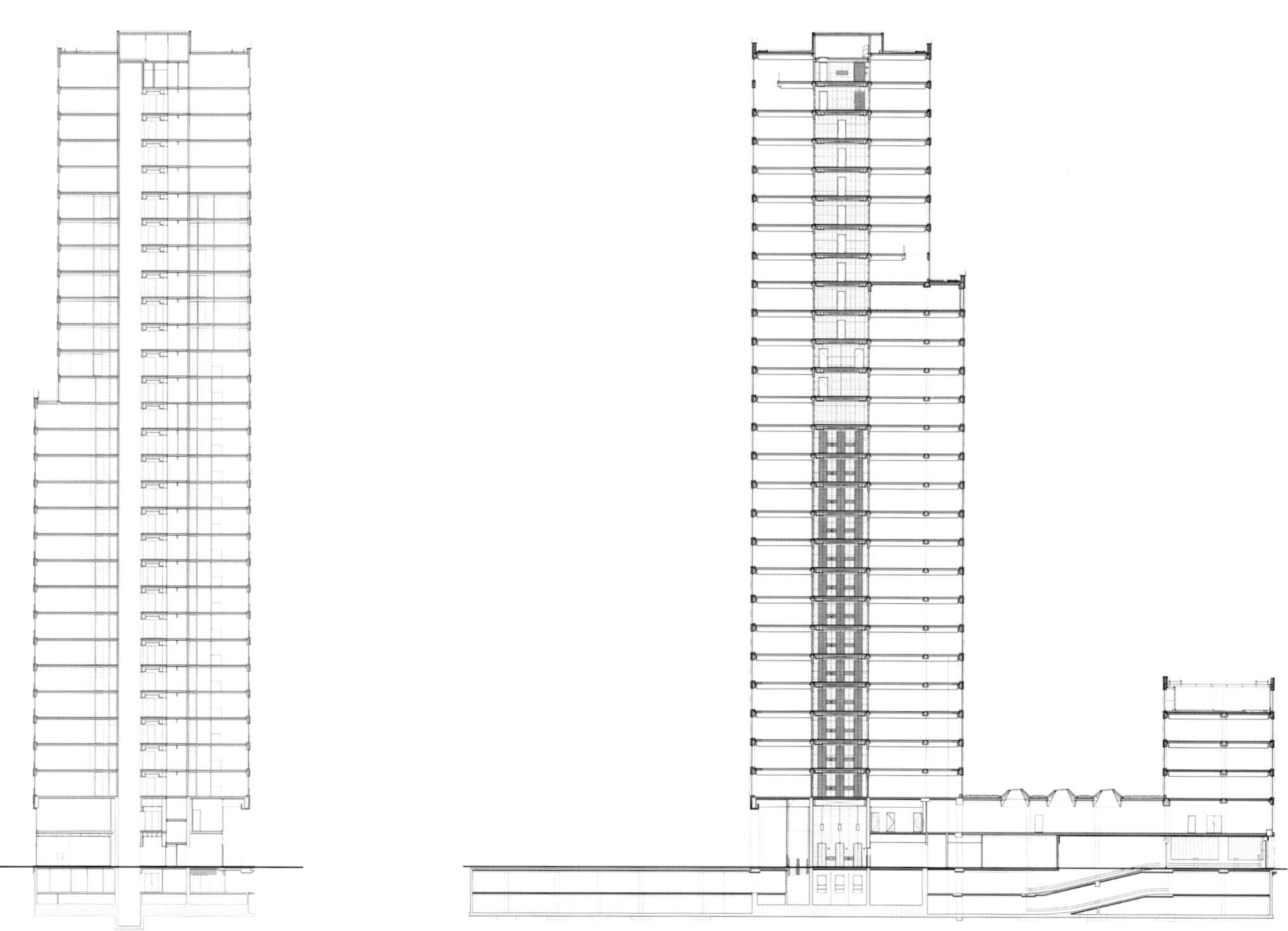

剖面图

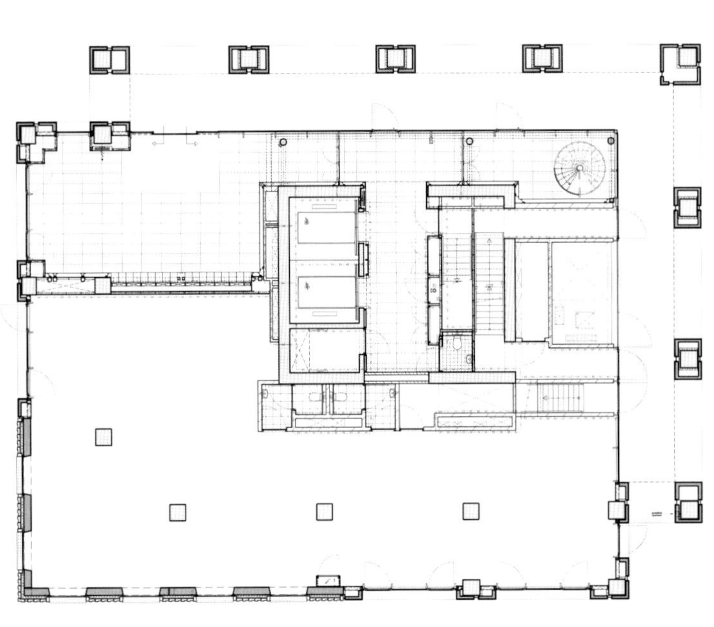
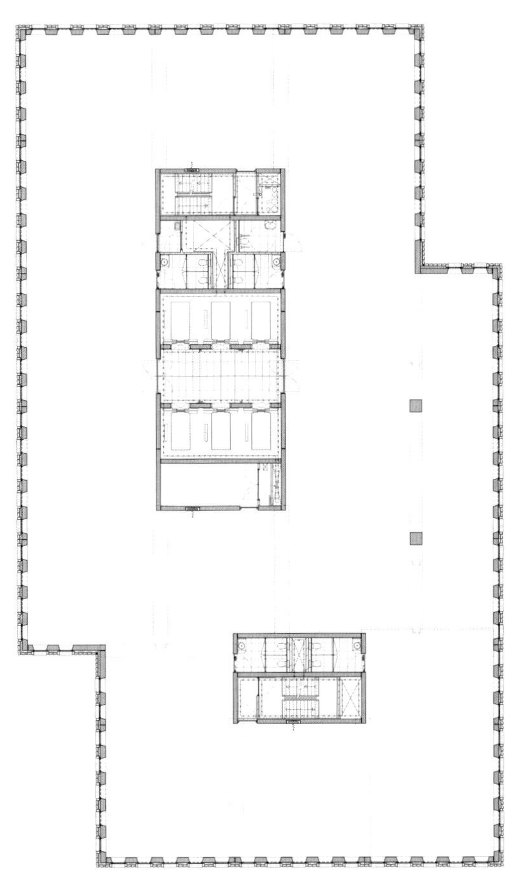
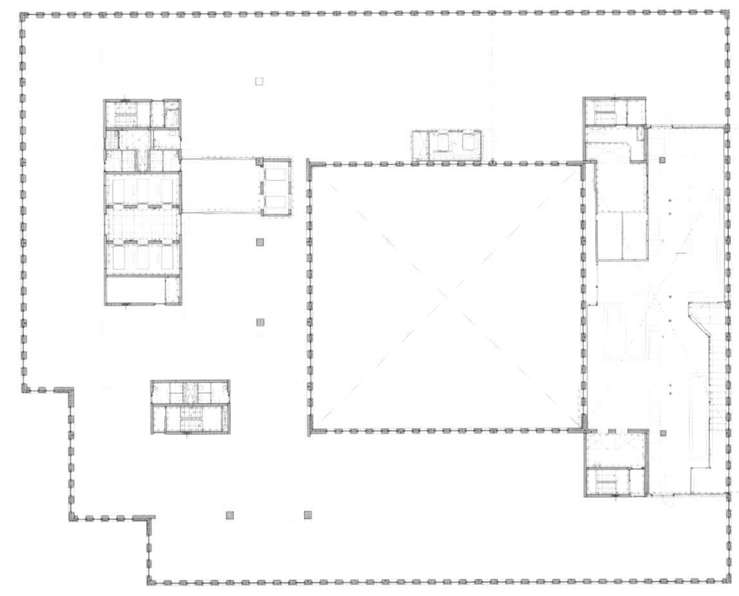
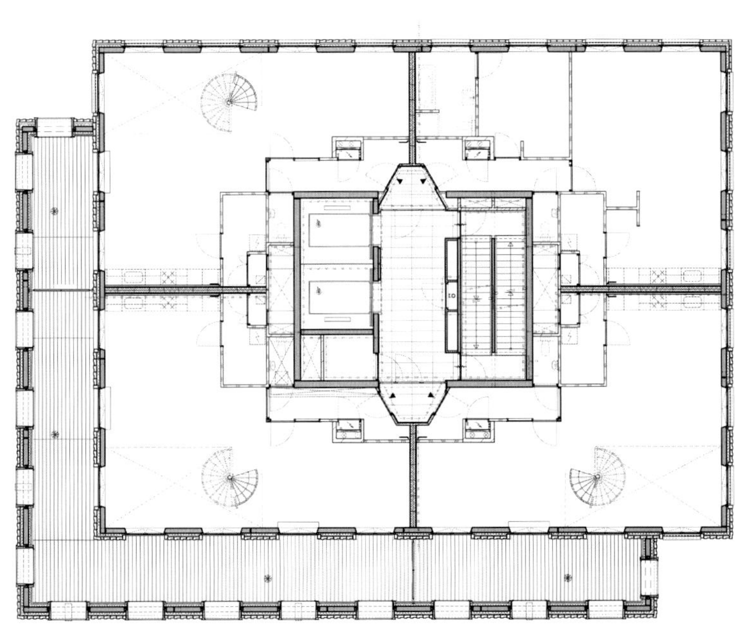

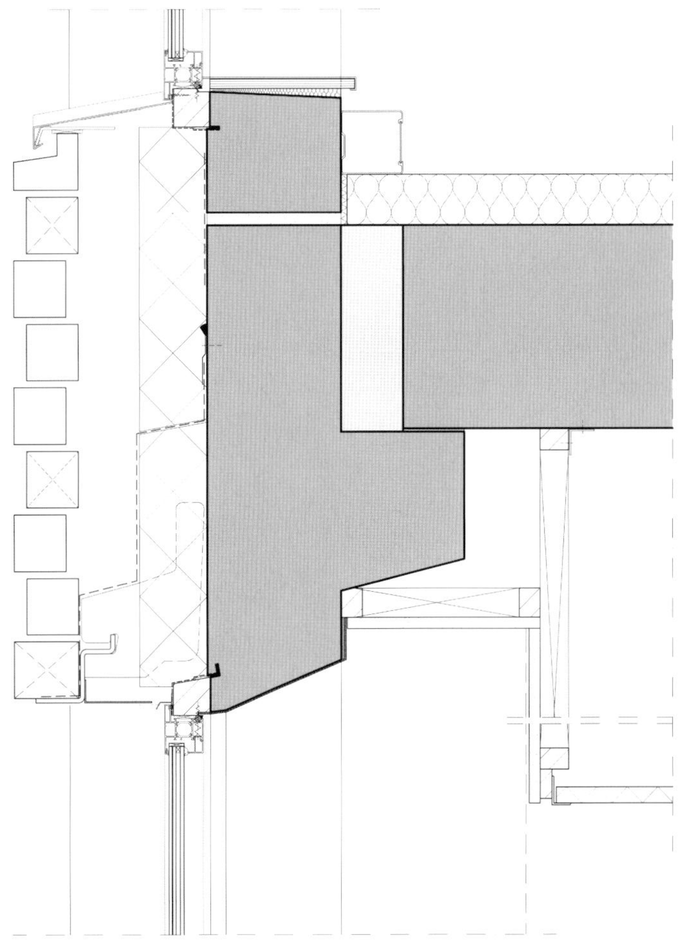

欧米茄大厦

设计单位：Arch. Jose Orrego
项目时间：2011年
项目地点：秘鲁利马圣地亚哥德苏尔克地区
建筑面积：36 860.13 m²
摄 影 师：朱安·索拉诺

该项目位于一块占地面积为2 255.98平方米的区域内，建筑的一层和二层用做商铺。

其设计主旨是打造一座标志性建筑，利用灯光赋予建筑动感效果。

该建筑的外立面是一面黑色的幕墙，其结构内安装有LED系统，以此产生一种充满活力的效果；其他立面用铝板覆盖，打破窗户的线条，这样一来就可以在整个综合体内产生视觉张力的效果。

欧米茄大厦底部是由黑色玻璃以及精细曲线组成的两层楼高的商业基地。通过白色幕墙上的垂直灯光处理，使大楼的垂直形态更为明显。

通过同步灯光设计及颜色处理打造出多种不同的场景，使大楼富有动感。这样一来，大楼每天都可以呈现不同的一面。晚上，大楼的黑色立面隐没在夜色中，作为游戏灯光的背景。

经过处理后，黑色玻璃立面包裹着大楼，似乎是大楼的外袍，为大楼打造高雅品位和特色。

欧米茄大厦共17层，包括1个跃层和8个地下室。通过两大流通核心以及每个核心中的三部电梯及一个楼梯将大楼的各个楼层相互连接起来。

TAXI
TAXI
VAINSA
PHILIPS

SE ALQUILA

SE ALQUILA

Q1区裙楼设计

设计单位：Innovarchi
竣工时间：2005年11月
项目地点：澳大利亚昆士兰
摄 影 师：威廉姆·莎士比亚

Q1区裙楼项目是一个玻璃结构的零售区域，位于冲浪者天堂黄金海岸附近一栋80层高的公寓塔楼的底部。

从超高塔楼到城市边缘地区之间的过渡需要一种能够将不同元素联系到一起的建筑形式，将人们从公路上吸引到黄金海岸上来，为塔楼建造一个独特的基础，并且将这里打造成为一个难忘的旅游胜地是本项目的目的。

该项目的设计理念以风、运动和张力的研究为基础，借鉴了风和运动被物体打断时所形成的各种图案。一个是看上去永无尽头的垂直元素，另外一个是整个场地通道的一部分，这两种独特的建筑元素相互交织，相得益彰。

入口广场上方设有一系列以同心圆形式围绕在建筑四周的带状构件，并且装设了玻璃顶棚，为下面的空间提供保护和遮荫作用。这些镀铝带状构件围绕整个建筑逐渐扭曲，表达出运动的张力和空间的自由度，从而在玻璃结构下成功打造出一个有顶棚的开放式购物区，并在街道两边实现弯曲的零售空间立面。

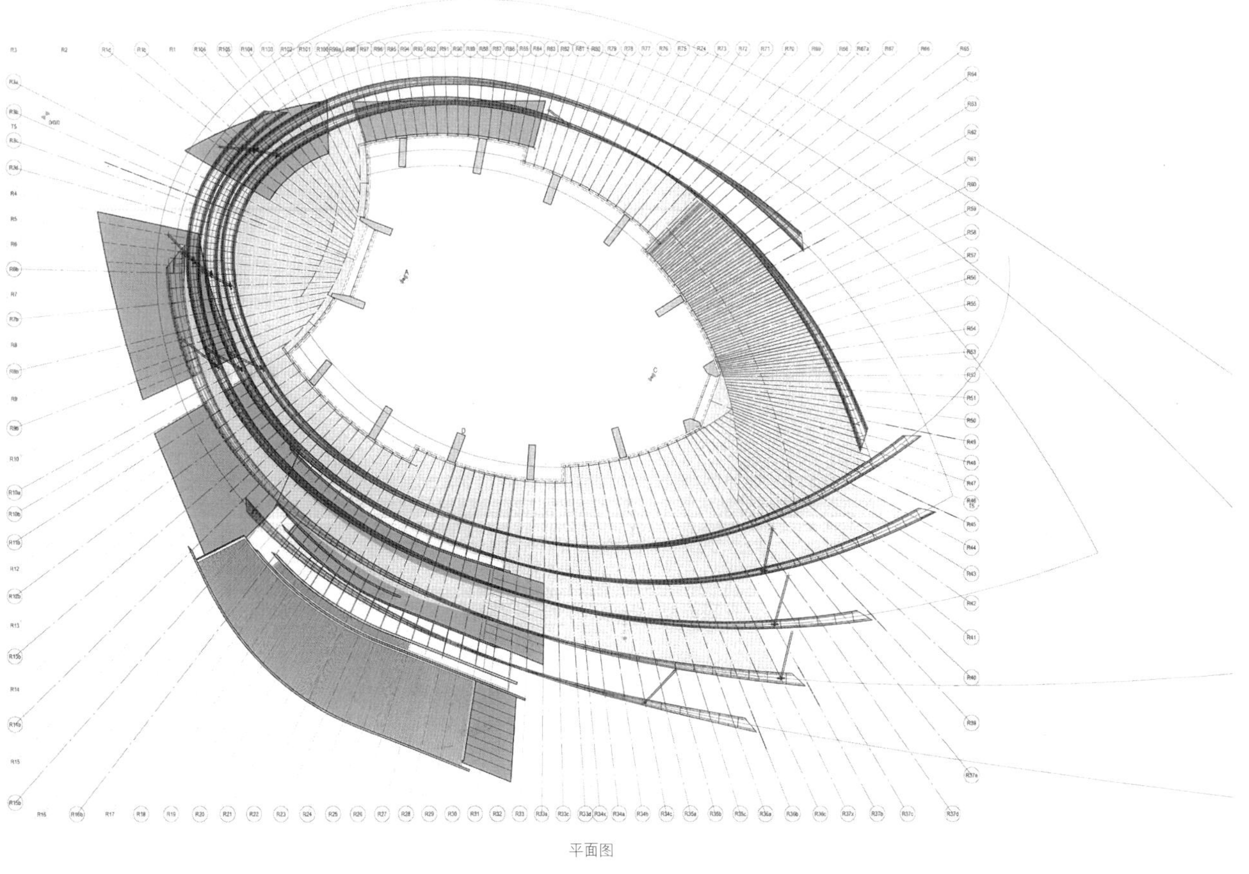

平面图

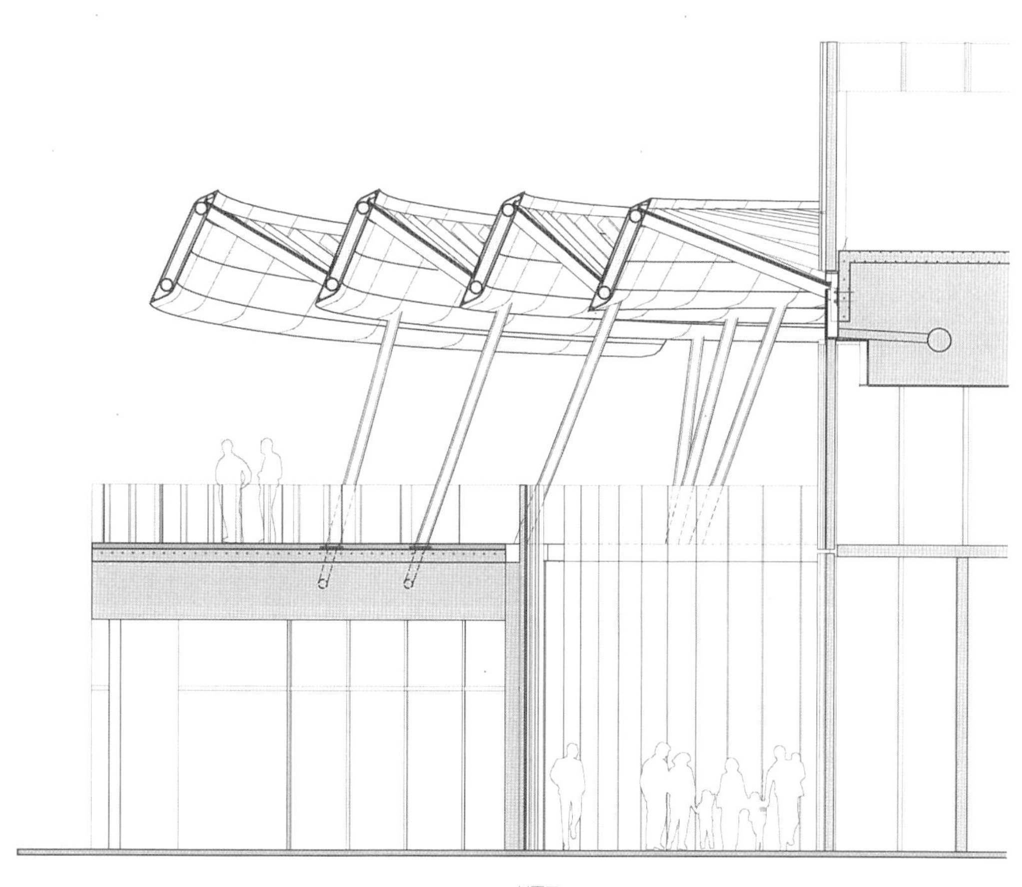

剖面图

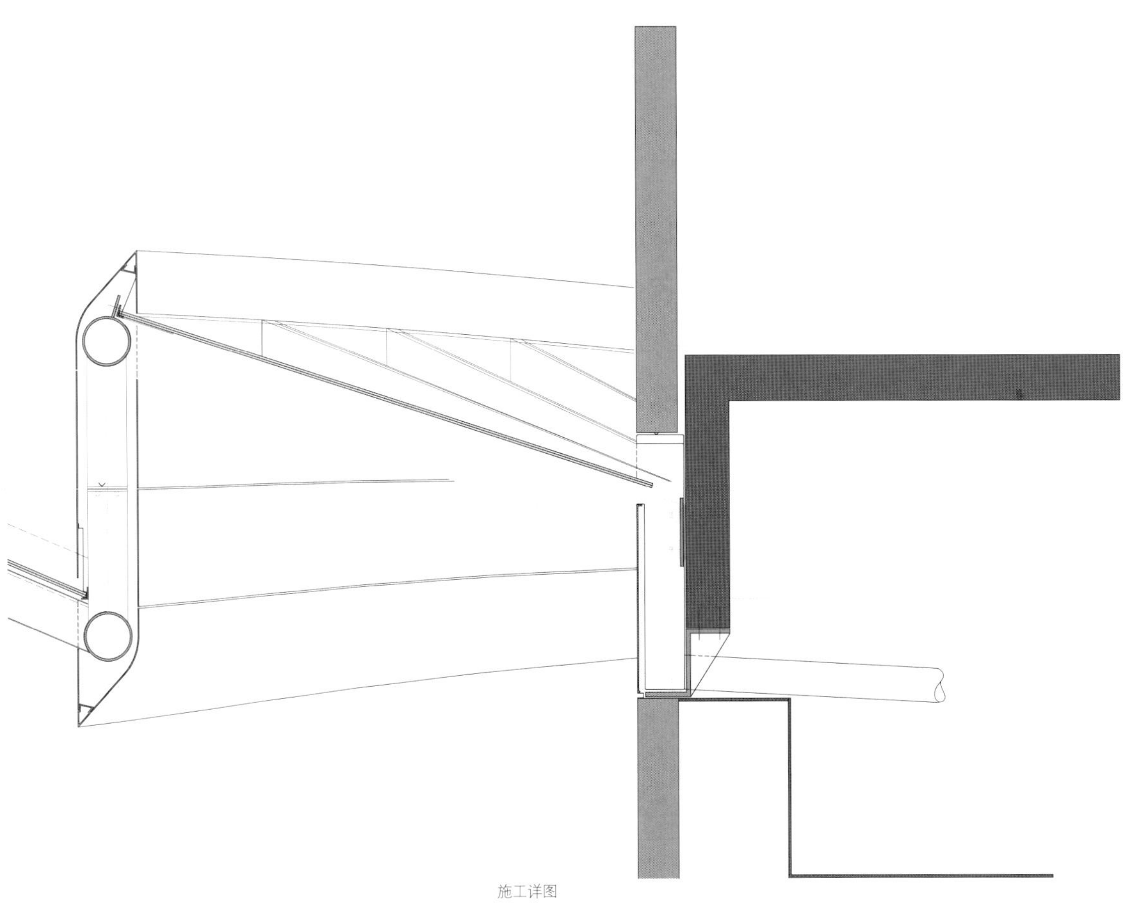

施工详图

三里屯SOHO

设计单位：Kengo Kuma & Associates
竣工时间：2010年
项目地点：中国北京市
项目面积：465 680 m^2
摄 影 师：Kengo Kuma & Associates

紧凑型城市

活跃的城市与安静的环境并存体现了三里屯的魅力。酒吧街位于使馆区，具有极为明显的特征。紧凑型城市并不意味着这片区域很小，而是比邻之间的各种元素具有巨大的吸引力。

20世纪的大多数城市缺乏的就是邻近感。热闹的城市中心与宁静的郊区界限分明，城市采用美国式建筑，各个元素之间用汽车连接，其结果是人们生活质量的急剧下降。如今，全世界人们更喜欢具有这种邻近感的地方。紧凑型城市也是解决全球环境问题的方案之一。这类地方既可让人放松，又可同时享受喧嚣和忙碌的城市生活。这也是为什么纽约的SOHO区和东京的青山区如此受欢迎的原因。我们认为三里屯SOHO将会成为这种新型城市的最优秀的榜样之一。

大楼景观

在三里屯SOHO项目中，高层建筑本身就是道景观。9栋采用有机外形的高层建筑聚集在一起，形成一道新的景观。尽管建筑本身与景观相冲突，但是我们已经找到了让建筑成为景观的一部分的方法。在这里，由建筑创造出来的谷地成为了未来自然景观中的“大峡谷”。

在大峡谷内，预计用来象征男性形象的超高层建筑变成了代表女性形象的峡谷，因预计成为城市中心象征的超高层建筑已经改变了其角色，并以新的形式创造了城市景观。利用这种角色转换技巧极好地融合了过去相互冲突的城市和自然元素。9栋超高层建筑会给人们带来前所未有的体验，让人们领略从未见过的风景。

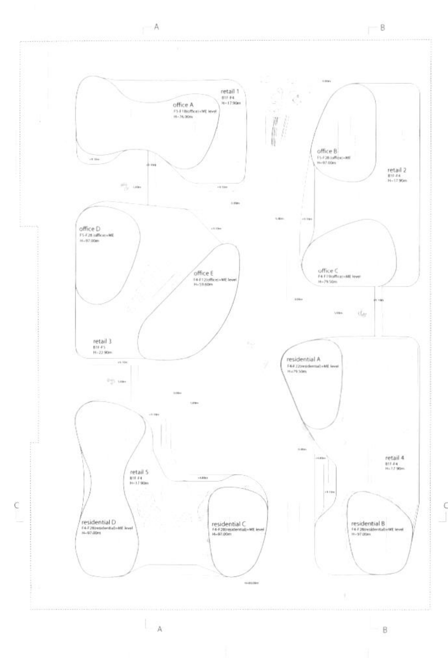

总体规划图

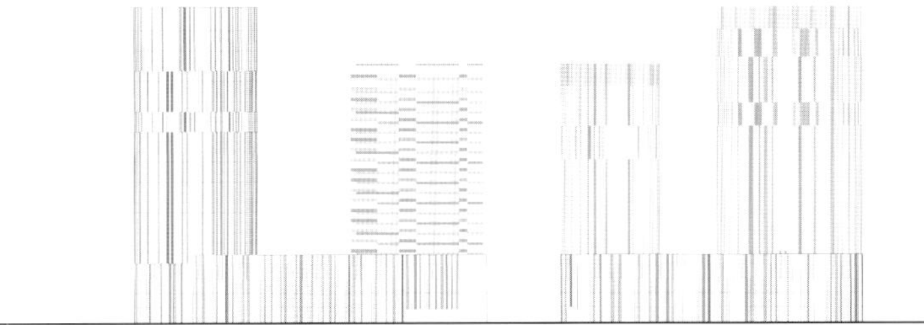
东立面图

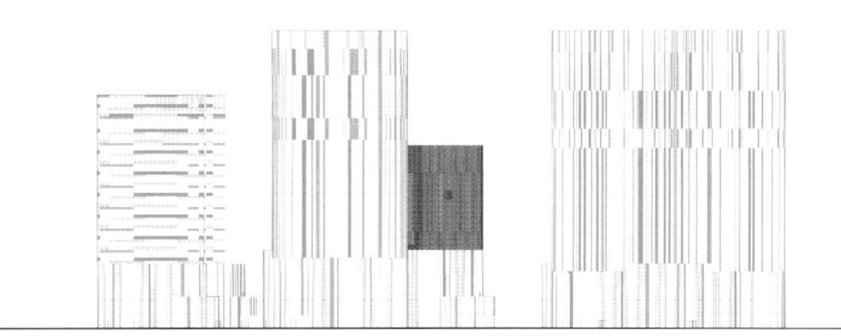
西立面图

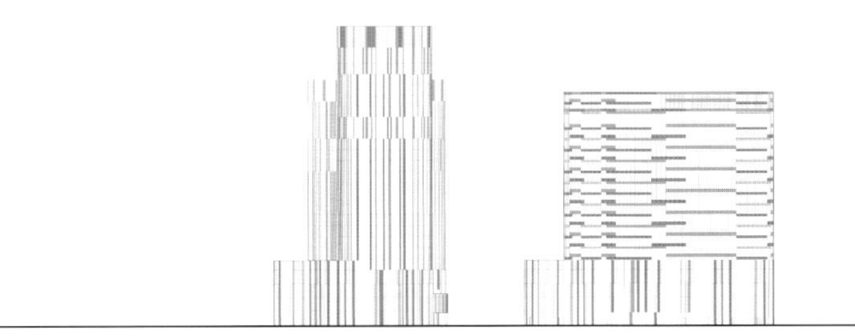
北立面图

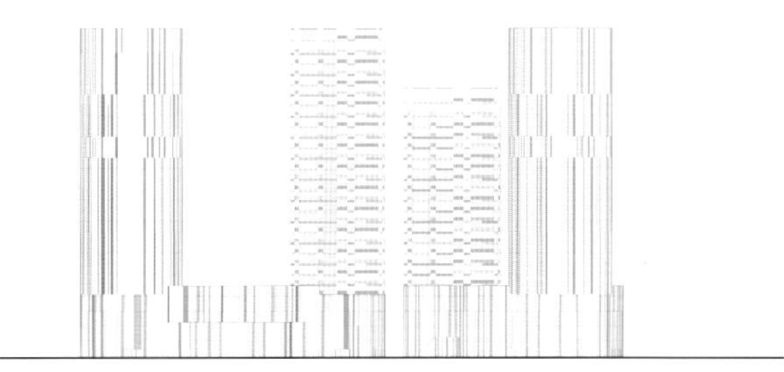
南立面图

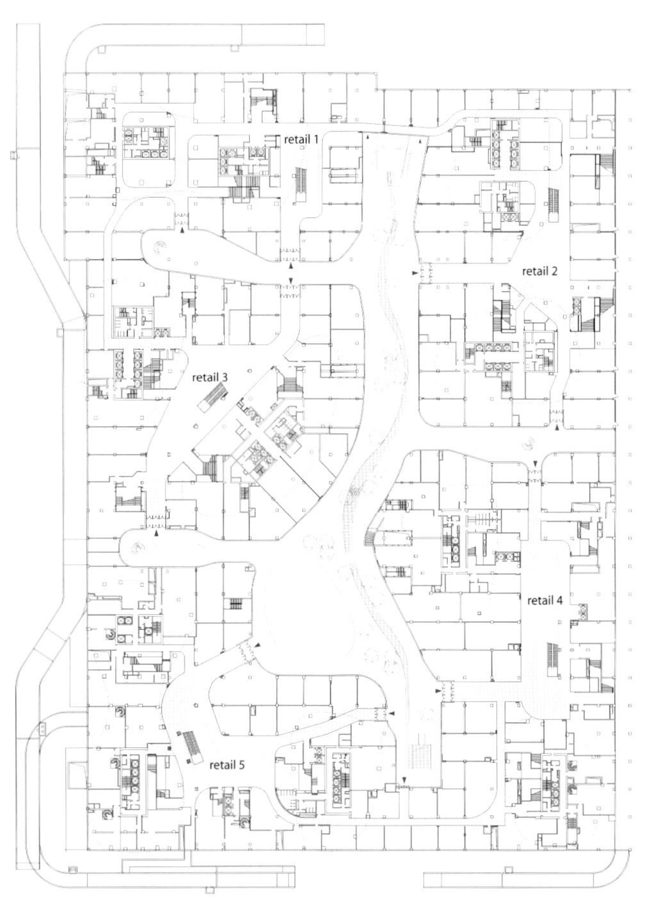

地下一层平面图

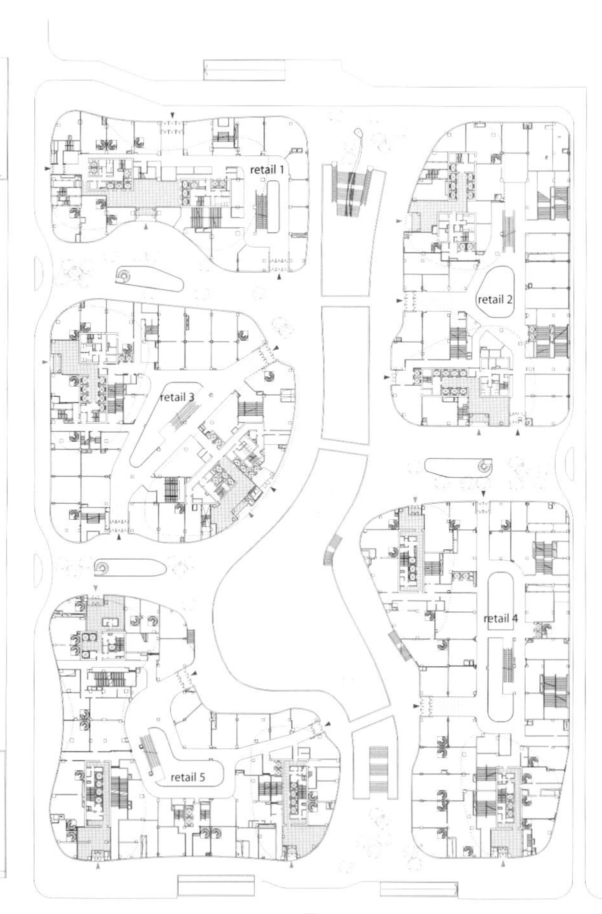

一层平面图

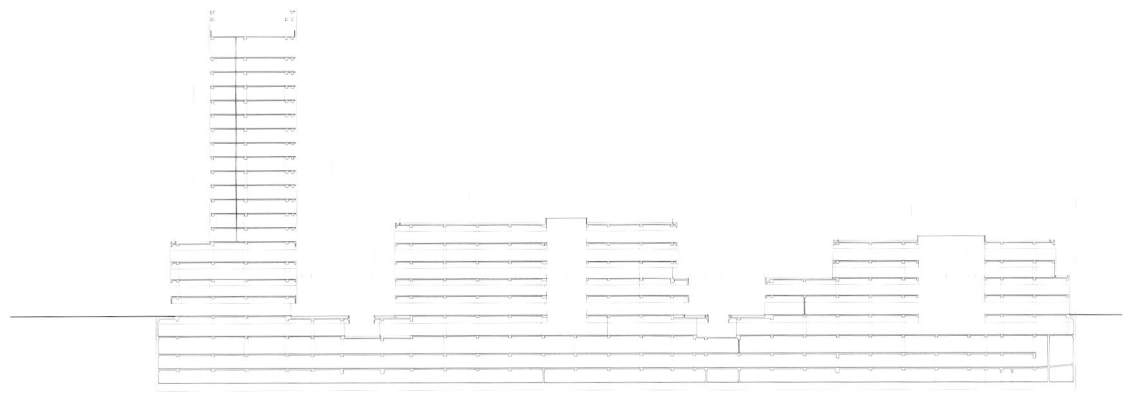

剖面图 A

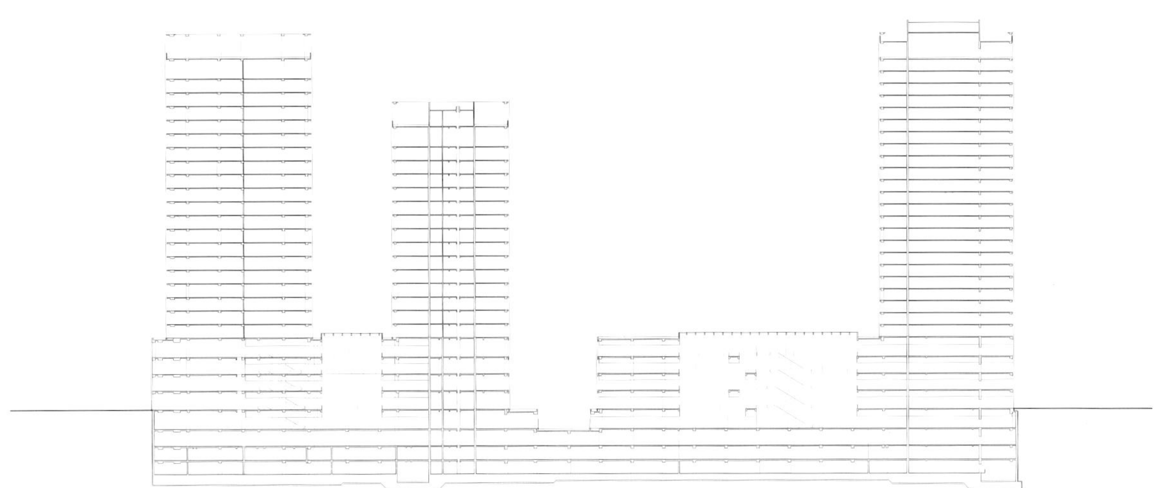

剖面图 B

剖面图 C

三层平面图

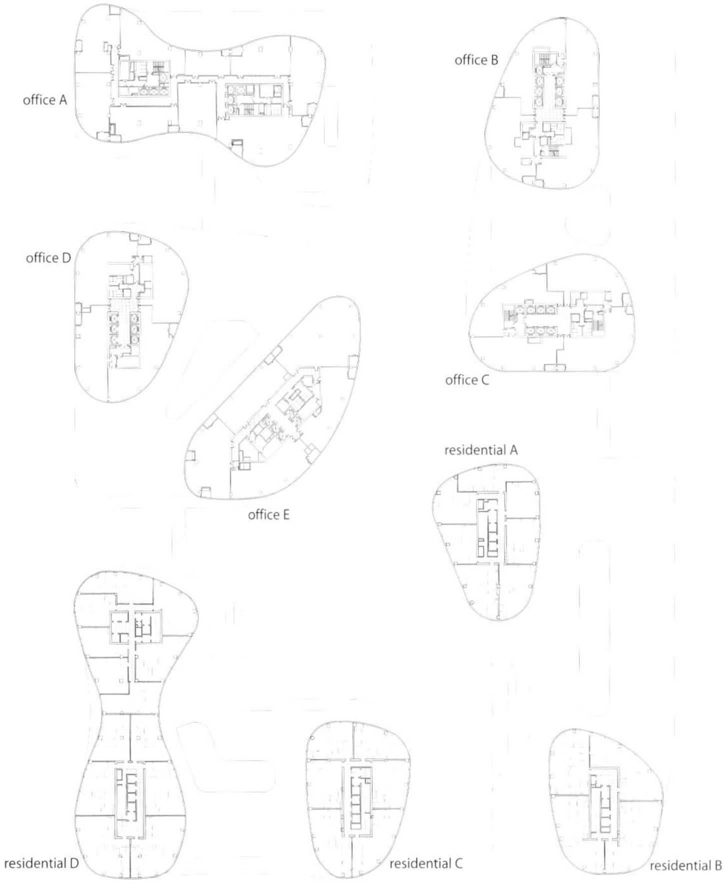

办公/住宅塔楼标准层平面图

阿姆斯特丹安卓信用保险银行新总部大楼

设计单位：OeverZaaijer architecture and urbanism Amsterdam
项目时间：2006年4月—2008年3月
项目地点：荷兰阿姆斯特丹市
建筑面积：14 159 m²
摄 影 师：阿拉德·凡·德·霍克、盖尔·凡·德·维鲁格特、卢克·克拉梅尔

安卓信用保险银行新总部大楼采用动感雕塑式设计，为阿姆斯特丹市的约翰·慧新加拉恩大街创造了一道极具吸引力的建筑景观。该大楼满足了安卓信用保险银行对一座独特个性办公大楼的所有建筑方面的需求，大楼的特色不在于外部设计，而是来自其内部的非凡设计。特别为这座大楼开发了一种创新型办公室概念，这种概念从大楼外部就得以充分展示。要摆脱保险银行业所具有的观念化的工作环境，设计采用了交流和人际接触的基本设计理念。“会面空间”是真正的主题，规划方案中所要求的空间组织均以此为基础。

空间公园路线

整栋大楼以绿色天井的形式布置了大量公共空间（共11个），为不同部门员工之间的非正式会面提供了场所。这些天井形状各异、高度不一，适合用做市政公园或林荫广场。一组迎宾台阶将这些公园联系在一起，人们可以沿着一条充满乐趣的线路穿过整座大楼。在主入口处，人们可以一眼看到大楼深处，能清楚地了解大楼的空间布局。宽敞的楼梯可直达公园线路。

各个公园沿着大楼的四面墙错落排列，巨大的透明玻璃嵌板为大楼内部带来极佳的采光效果。公园内不规则分布的绿色植物和显眼的垂直墙格结构，使得玻璃幕墙后的公园显而易见。

选择相对"纵深"的建筑容积给大楼赋予了更多的空间，并可以按各个部门对空间的需求对大楼进行设计。为获得充满活力的晶体形状，矩形的基本容积排除了多余空间，整座大楼不存在完全相同的两个楼层，更加彰显了各个部门的特征。

最具代表性的功能区位于一层和二层，比如接待区、会议中心、餐厅和网吧。会议中心和餐厅之间有楼梯连接，给会议中心创造了独立运行的可能。

结构细节

这座11层的大楼采用混凝土芯构造的支撑结构，沿墙体每3.6米中心距的位置就安装有钢柱结构，楼板采用了钢筋混凝土结构。在浇筑混凝土芯时采用了滑模施工，极大地缩短了施工周期。

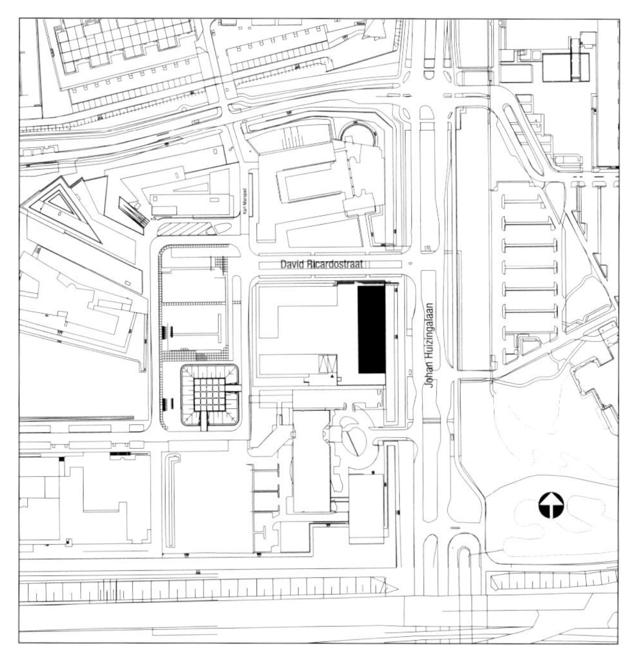

总平面图

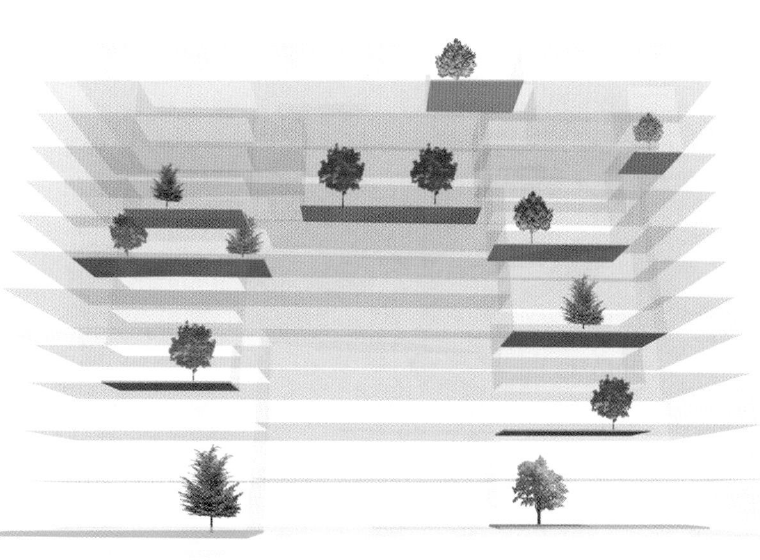

atradius
Riekerpolder

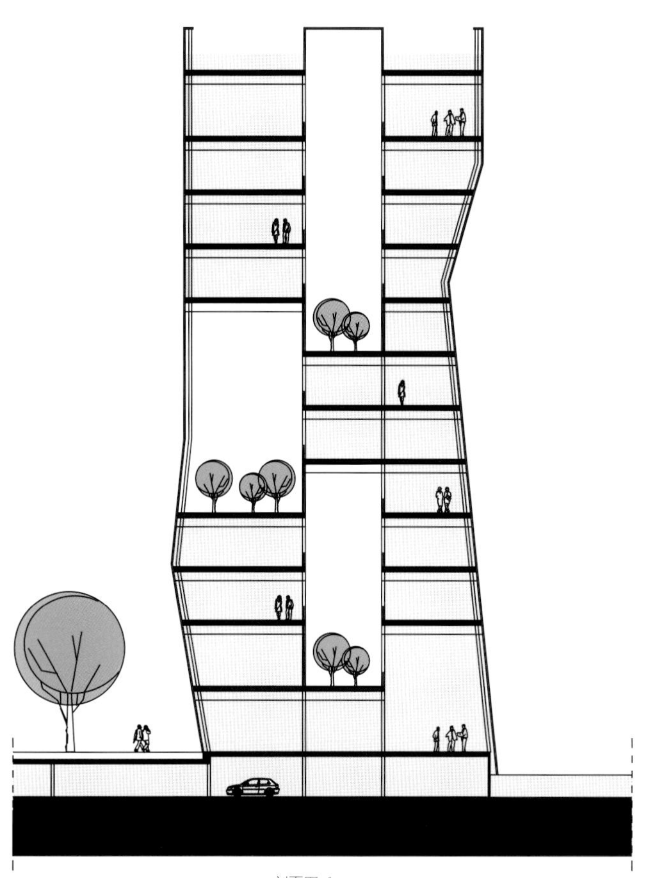

剖面图 1

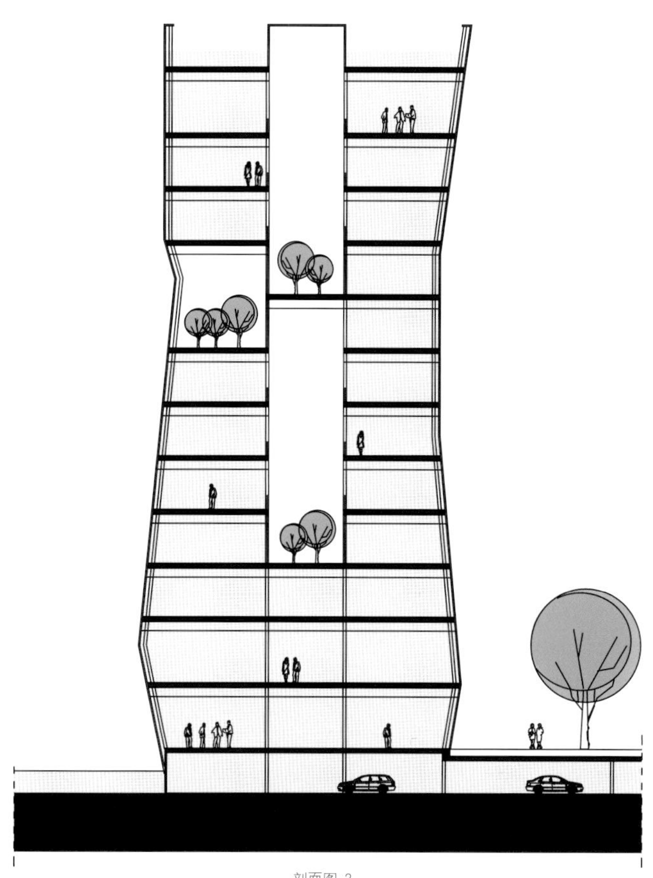

剖面图 2

atradius

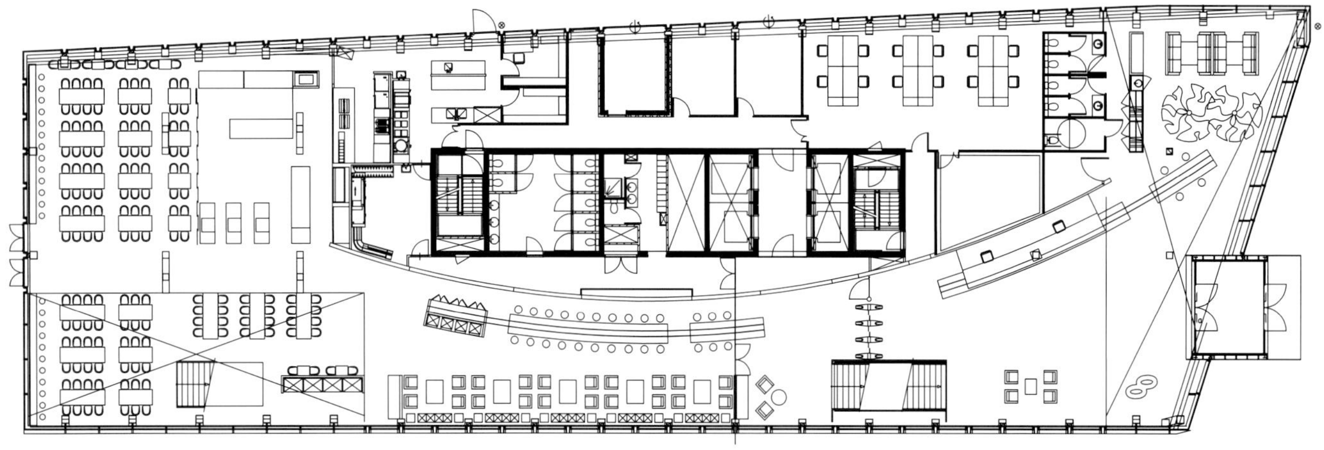

地面层平面图

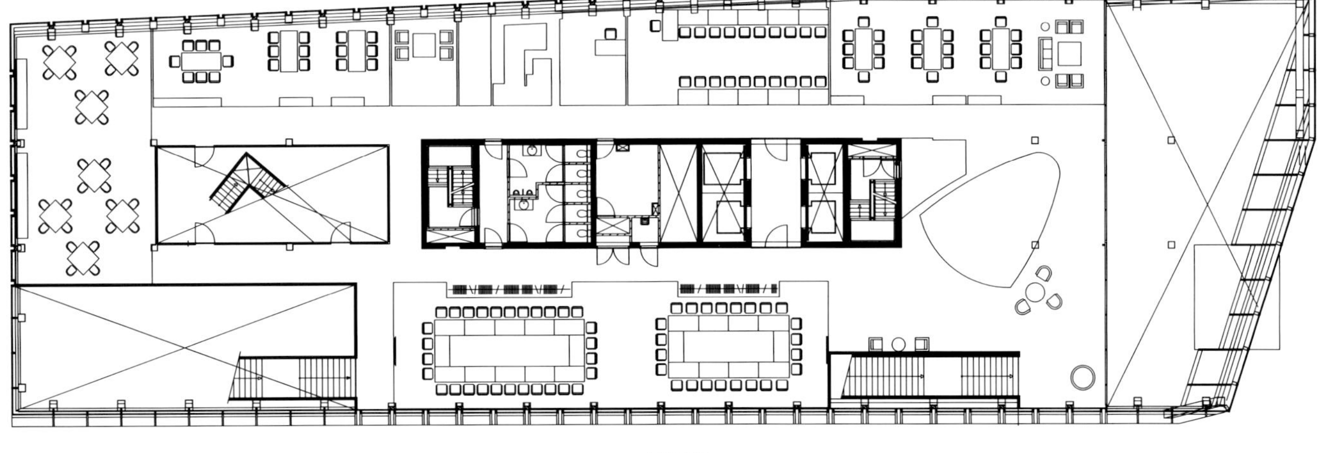

一层平面图

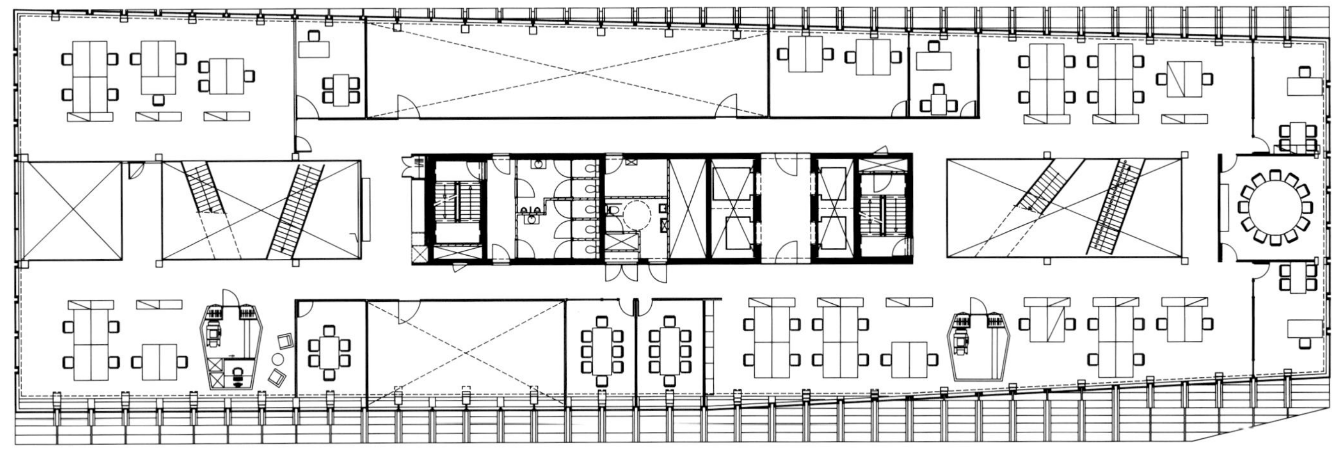

八层平面图

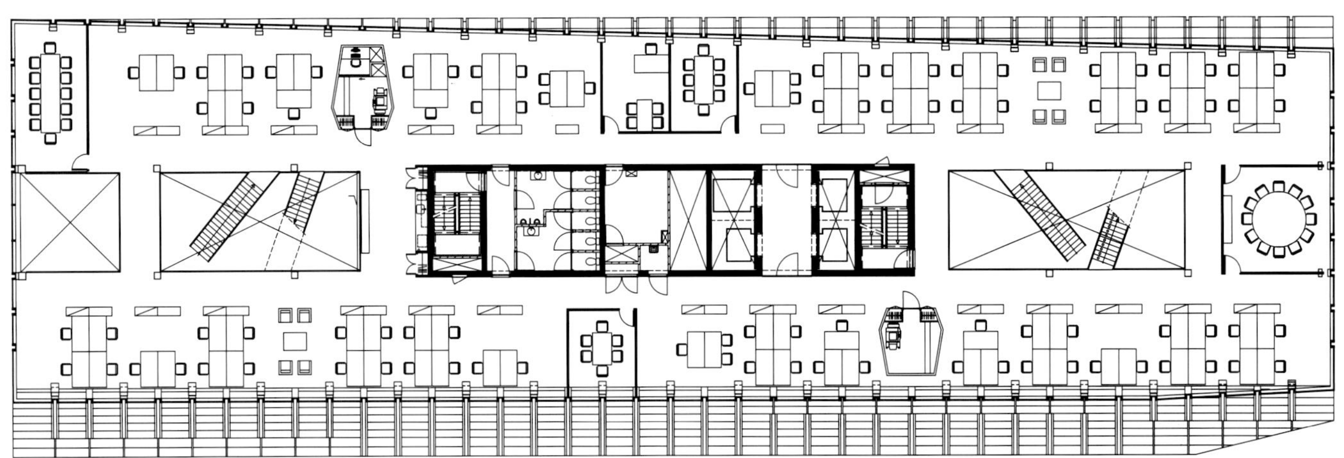

九层平面图

加里波第广场——B座

设计单位：Progetto CMR
竣工时间：2010年
项目地点：意大利米兰市
项目面积：35 000 m^2
摄 影 师：马斯莫·罗耶

这是一项从外立面到室内都需要重新翻新的创新型项目，包括对米兰市第一批根据环境可持续性原则建造的塔楼进行翻新。通过对大楼整体进行改造，将其打造成绿色环保建筑。通过太阳能电池板、自然通风、隔热立面、每层上的生物气候学温室以及根据代表时尚米兰的珠宝设计而成的棱镜玻璃，使大楼成功实现了零排放。根据现代环境可持续性的理念以及对自然环境的保护意识，设计方案中提供了完善的植被再生系统，最大化地利用可再生资源（如太阳能、水、空气等）产生的能量，从而有效地限制了空间大楼的能耗及污染。

加里波第广场位于米兰中心的黄金地块上。该地区交通便利，紧邻加里波第火车站，不远处就是米兰中央火车站。新建的与马尔彭萨国际机场连接的公路、地铁5号线以及新隧道公路使该地区成为整个城市最重要的交通枢纽。

两座塔楼各有24层，是意大利首批绿色环保塔楼示范项目。塔楼最大的特点是安装了利用可再生资源的各种能源系统。

• 利用地下水驱动热泵，使用地热能的制冷和供暖系统。
• 在每座塔楼的南向外立面上安装了太阳能电池板，为大楼供电。
• 每层均设有生物气候学温室，以减少建筑能耗。
• 大楼楼顶安装了太阳能集热器，向大楼供应热水。
• 大楼楼顶还安装了水箱，收集的雨水用于冲洗大楼卫生间。
• 大楼安装了太阳能烟囱，用于抽取卫生设施排除的废气。

剖面图

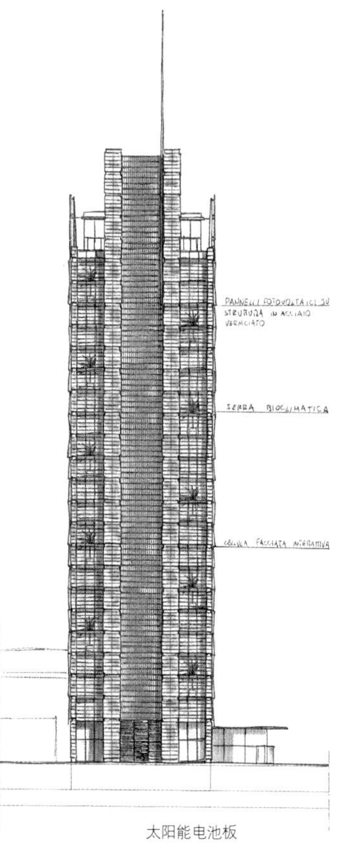
太阳能电池板

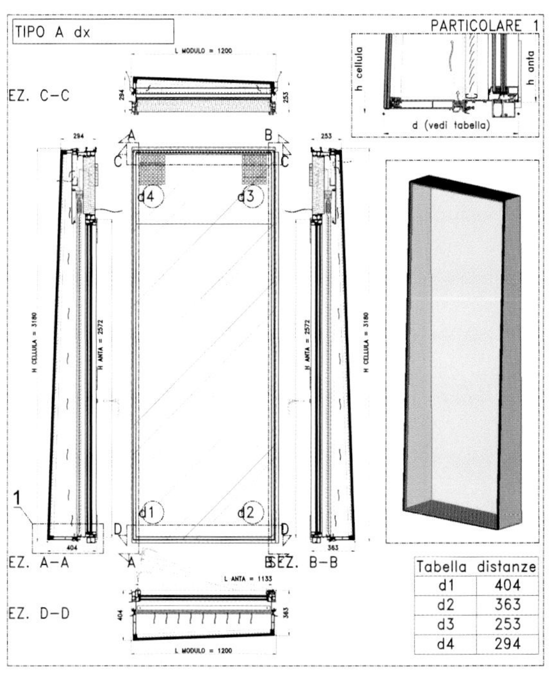

节点图

魁北克公司新总部大楼

设计单位：CARDINAL HARDY / LE GROUPE ARCOP ARCHITECTES EN CONSORTIUM
竣工时间：2008年
项目地点：加拿大魁北克省
项目面积：15 793 m²
摄 影 师：马克·克拉梅尔

本项目是一个面积为15 793平方米区域的扩建工程，包括19个普通楼层和2个设备层，南侧与一座现有的13层建筑相连。

客户希望该项目拥有优秀性能、长期价值及高效品质的同时，能够做到经济适用和简单大方。最初的委托书要求该项目的体积和外部装饰必须与现有建筑的风格及其环境达到完美融合。与此同时，该项目（包括入口处及高层管理人员使用的空间）还必须是一个能够提高员工舒适度、品位高雅、朴素低调的工作场所。工程进行过程中，有人建议开发这座建筑的顶层，打造完全开放且灵活多变的高级场所，以便充分利用这座城市独特的风景。还有人提出建议，为了大楼本身的功能及员工的福利，应该安装绿色屋顶系统。

设计理念

对于建筑师而言，要完成该项目，以下三点非常重要：①设计理念应该在各个方面将大楼与城市规划及周边环境重新联系起来；②设计团队必须采用经过深思熟虑的城市设计方案及项目管理方案；③项目必须是以高品质的设计方案和建筑材料为基础的。

魁北克公司的新总部大楼在设计时考虑了对现有建筑的保护与加固。围绕如何重复利用和重新诠释现有建筑元素这两大理念，建筑师们首先想到的是新建一个建筑，使其与现有建筑连接，从而形成一个连续的整体。两个建筑之间的动态衔接使项目的外立面具有很高的辨识度。立面上的玻璃、石材及砌体沿垂直方向展开，在顶部交汇或者扩散开来。由于大部分立面采用玻璃结构，使建筑内部的通道空间在外部清晰可见，从而在两个建筑之间形成一种巧妙的视觉连接。

QUEBECOR
KOCISKO
BUREAUX A LOUER
2 000 à 16 000 pi.ca.

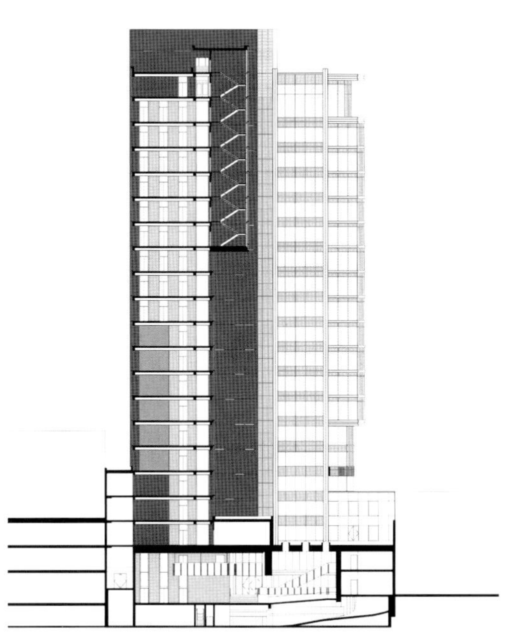

剖面图 1

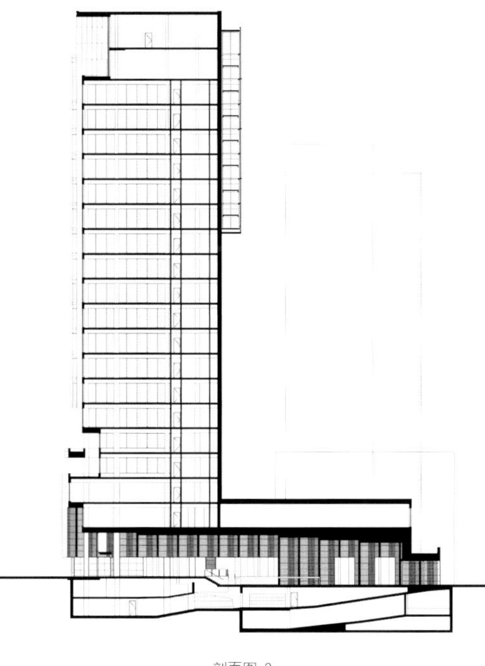

剖面图 2

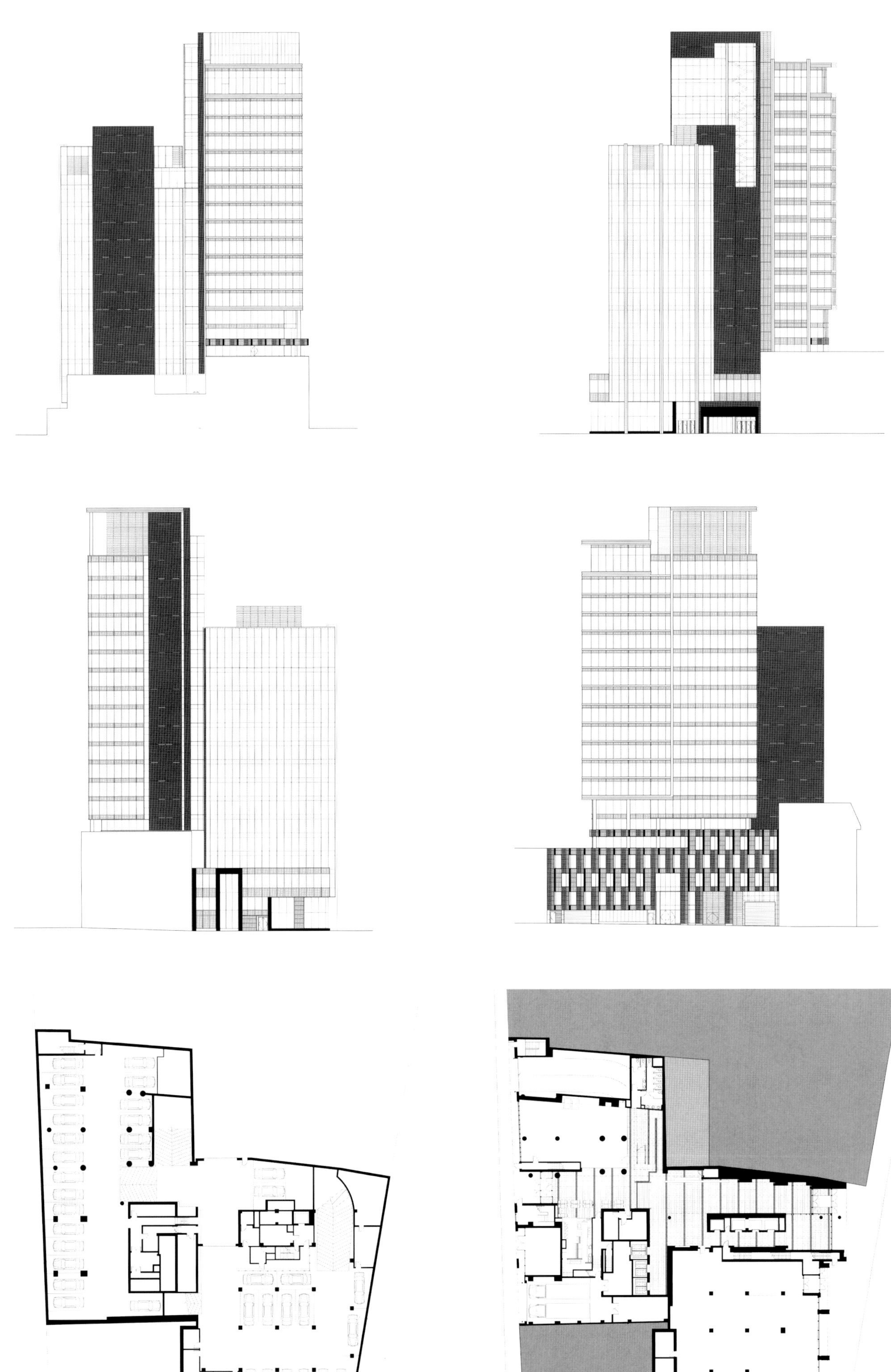

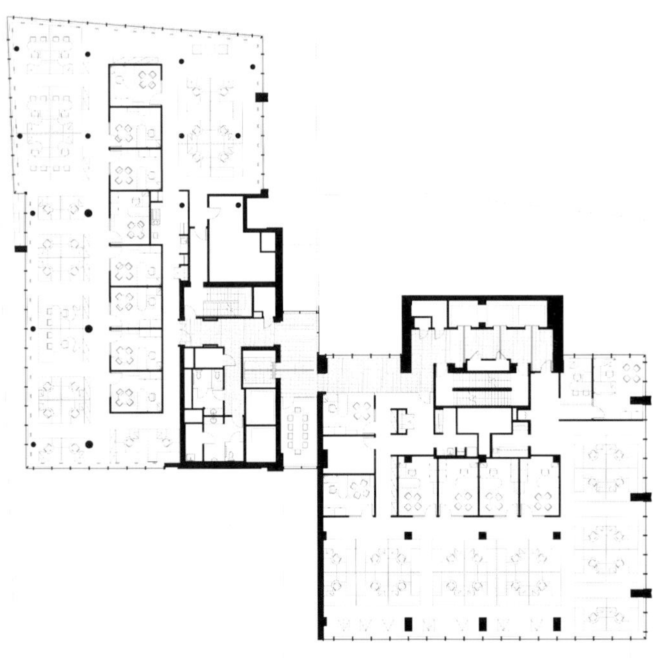

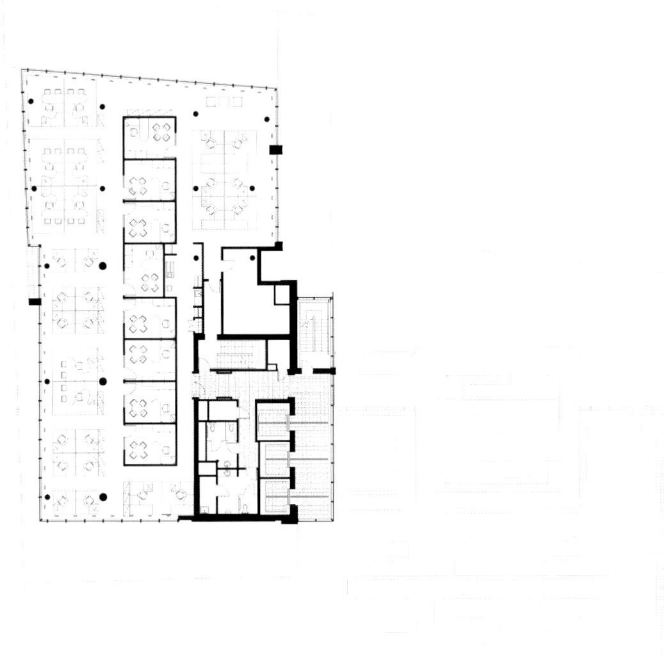

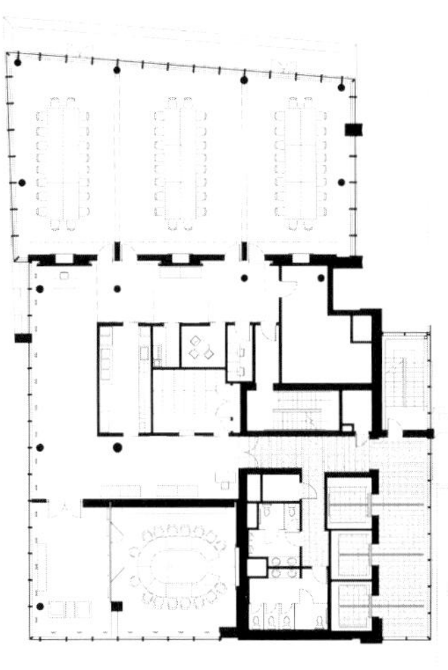

马克菲尔工业集团新总部大楼

设计单位：Progetto CMR
竣工时间：2010年
项目地点：意大利博洛尼亚市
项目面积：11 200 m²
摄 影 师：奥斯卡・法拉利

马克菲尔工业集团新总部大楼占地面积超过1.1万平方米，包括一座办公大楼和三座小型工业大楼，其中两座大楼用做仓库，另外一座大楼的三分之一改建成自助餐厅，其余部分用做制造空间。在工业建筑和办公建筑之间设计师规划了一大块绿化区，与该区域相对的是行政管理区域和生产区域，两大区域通过供员工在自助餐厅和仓库之间自由移动的避雨棚连接起来。该建筑的设计灵感来自该处的自然景观、交通繁忙的马路上的高可见性以及当地的气候条件。项目设计使得项目与周围景观完美融合，同时又能突出公司的品牌形象。

该项目坐落在一片工业环境中。项目设计的主旨是改善该区域的形象，而非破坏它。项目提出的解决方案是在区域内建造一座镶有彩色玻璃的建筑，它的表面一半透明，一半反光；通过在背面上釉料遮盖一部分外立面墙板，而其余部分则用固体绝热板填充，同时罩上一层金属保护层，保护层的内部使用了背面用与外立面结构相同颜色的玻璃上釉，保护层外部使用了与外立面结构颜色不同的玻璃上釉。这样做既可以为大楼创造出精致的外表，又可以传达出一种大气的形象。

办公大楼由包括共享型支持功能空间的中央核心区域和两大用于生产的两翼部分组成。中央结构看起来像一个两座建筑围着旋转的大型机械枢轴。该结构将两座大楼分开，同时又能将其各自的功能区域连接起来，使人们可以在两座大楼的水平空间和垂直空间自由移动。

马克菲尔工业集团新总部大楼从里到外都经过了精心的设计。内部空间通过定制的移动墙分隔开。移动墙一部分涂有釉料，一部分安装了木纹饰面，因此并不透明。这样的设计可以使使用者根据不同工作团队的要求以及不同类型的活动安排空间。该建筑设计基于这样一种认识，即不了解客户需求而建造的建筑也许能创造出强大的视觉效果，但是使用这座建筑的人们也许会感到不舒服。

可以将马克菲尔工业集团新总部的设计过程看做是一个综合能源系统的开发过程。在该系统中，建筑风格、建筑结构及各大功能模块的设计人员携手合作，打造出一个简单可复制的创新型解决方案，使得该项目具有较高的能源及环境性能。与根据法定技术限值及工业标准建造的建筑相比，该建筑中每名用户均可节约大约30%的成本。这样一来，收回大楼巨大投资的时间就缩短至大约八年的时间。

总平面图

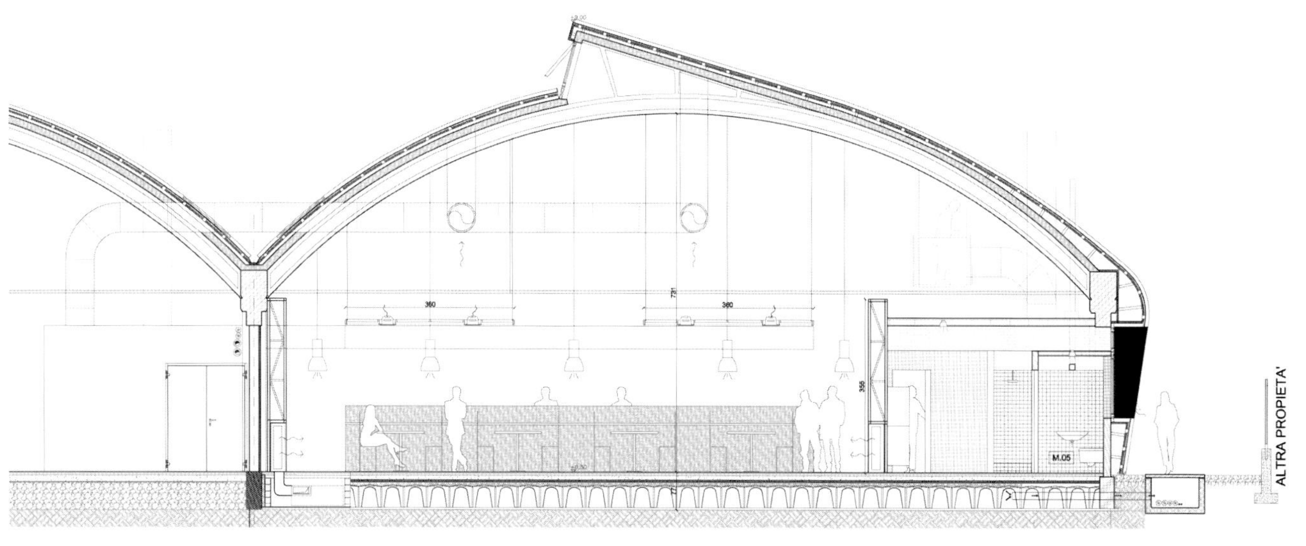

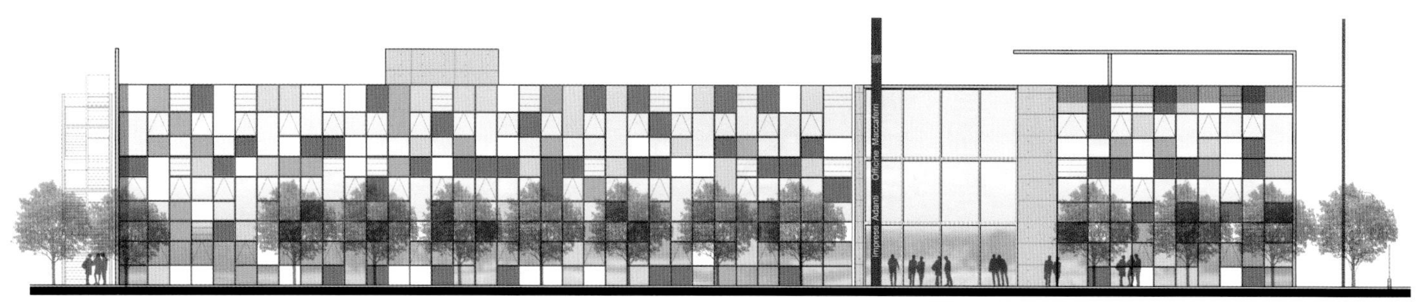

西立面图

Officine Maccaferri
Seci Energia

area impianti
area impianti

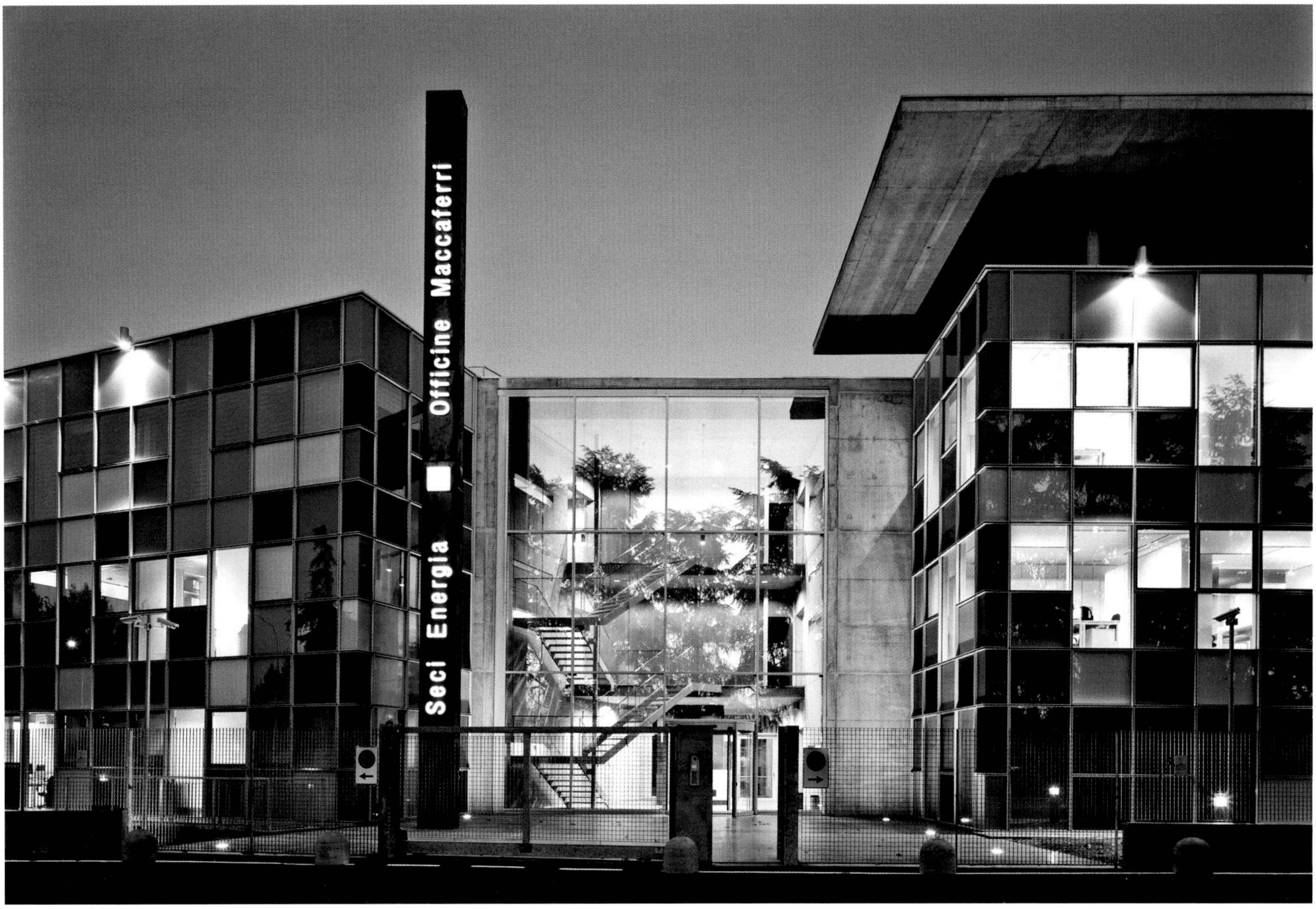

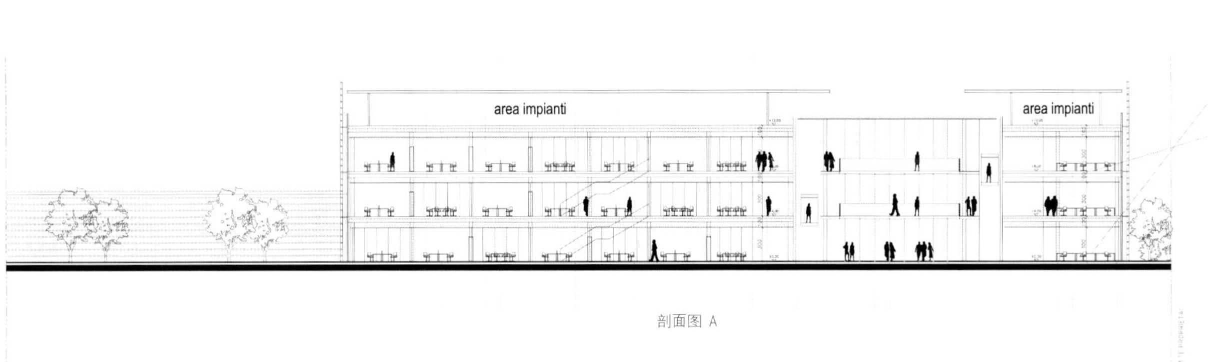

剖面图 A

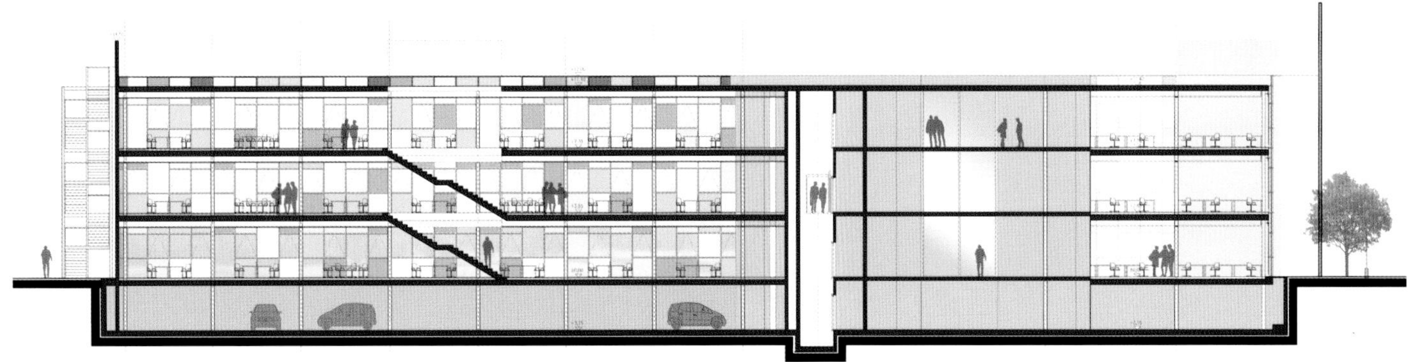

剖面图 B

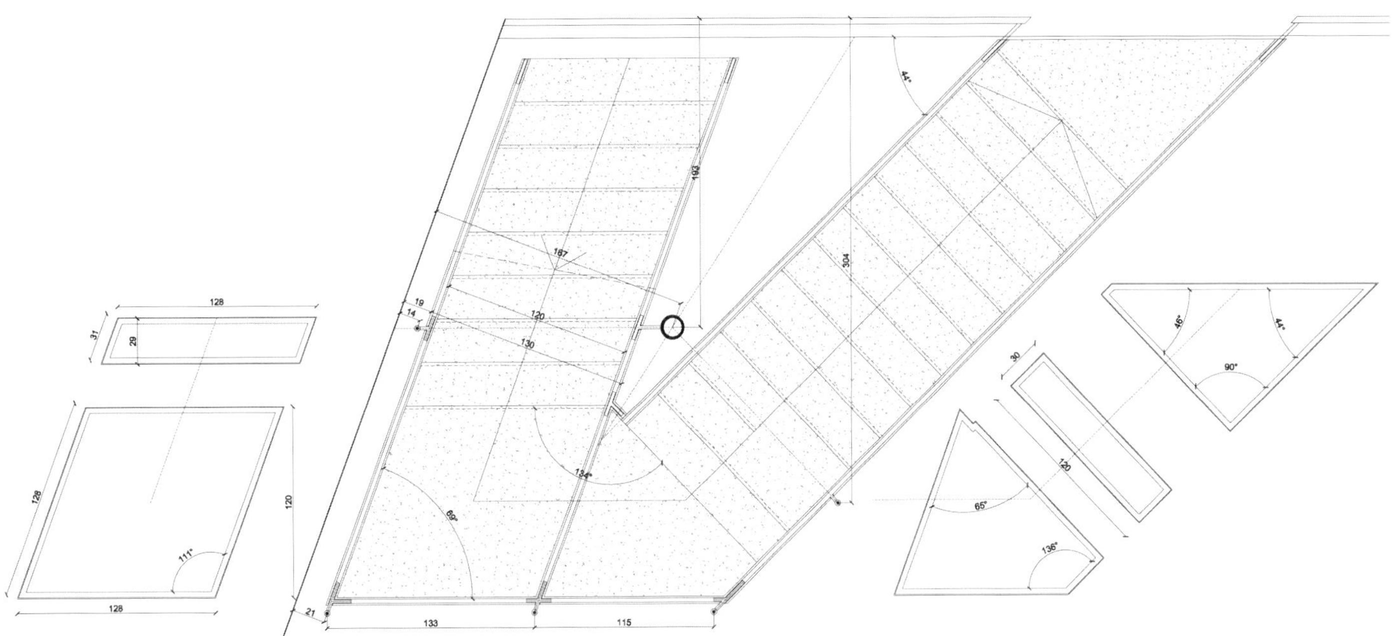
128
31
29
128
120
111°
128
19
14
21
133
115
120
130
167
193
304
44°
69°
134°
30
120
46°
44°
90°
65°
136°

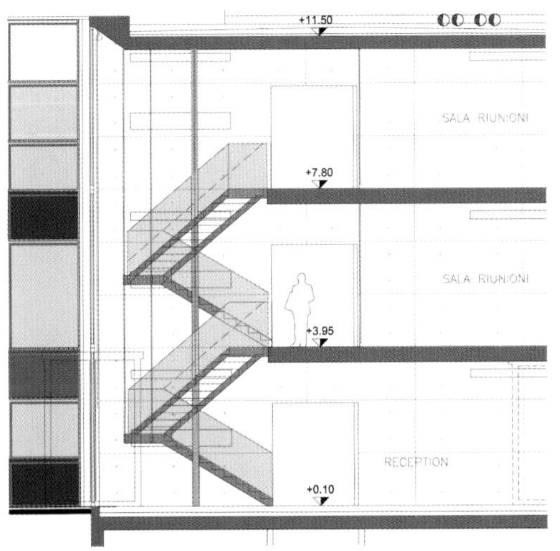
+11.50
SALA RIUNIONI
+7.80
SALA RIUNIONI
+3.95
RECEPTION
+0.10

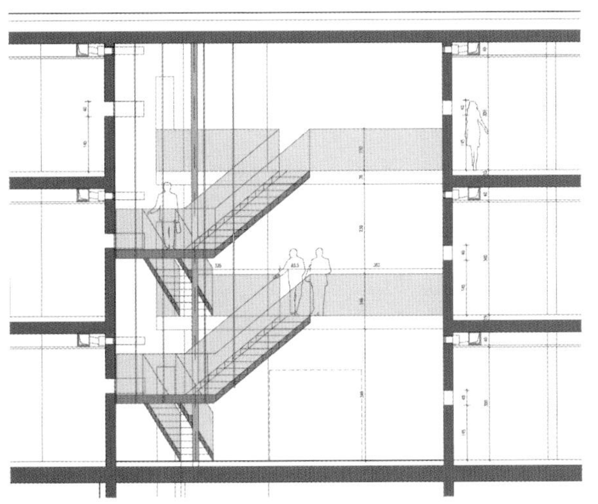

罗西那全球总部大厦

设计单位：HERAULT ARNOD ARCHITECTES
项目时间：2009年6月
项目地点：桑特拉普2区圣简德木瓦兰斯社区（38号）
项目面积：11 600 m^2
摄 影 师：安德雷·莫林、克里斯蒂安·劳茨、赫劳特·阿尔诺德

为创造“罗西那之家”，罗西那集团把分布在多个地方的不同单位汇聚于此建筑中，这些单位为公司带来了各自的特性。

该建筑内部包括三种空间类型。

●滑雪比赛用品生产车间、品牌科技陈列室和技术室，均沿着高速公路进行布局。

●办公楼层包括行政部门、销售、研发、研究和设计等部门。

●街道宽阔而明亮，社交空间贯穿在建筑物之中。街道在建筑物末端变得开阔，形成展厅场所。

在朝向高速公路的一侧，反复出现的企业标志强化了极富动感的建筑外观。大楼的前部向上提升，形成车间的屋顶，与大楼的最高处汇合，延伸至西南侧后开始下降，覆盖了办公区。建筑屋顶与种有桦树的天井相互交织，自然和建筑相互融合。不规则的屋顶轮廓和办公室外观为未来扩展留下了空间。未来增加建筑数量也不会打破该项目的平衡和特色。从建设伊始，这处建筑就表现着其自身特有的成长过程。带有玻璃温室的屋脊通向该建筑的最高处——“空中餐厅”，该餐厅采用了滑雪道的形状。

建筑物内部功能布局像“蜂窝”一样，不同的功能区相互连接、互相作用，员工在这里享受着一起工作和会

面的乐趣。该项目的创意之处是在一个屋顶下集合了从生产到服务的不同功能区，每个独具个性的员工都在这里相遇。为鼓励员工之间进行内部沟通，建筑内部分布着众多可进行社交的空间。

建筑的外装修只采用两种材料：木材（天然落叶松）和玻璃。建筑采用钢架结构，外形结构像一具有机骨架，带有多个变形曲面。

服务楼层的梁柱式框架跨度为12~15米，创造出尽可能自由的空间里，车间屋顶主要为水平结构，屋顶上覆盖有木料作为外层，形成一片隐藏空间，所有的技术系统和机械装置都装配在这层空间里，这也就意味着从外部看不到任何的技术要素。因此建筑外观看起来极为简单。

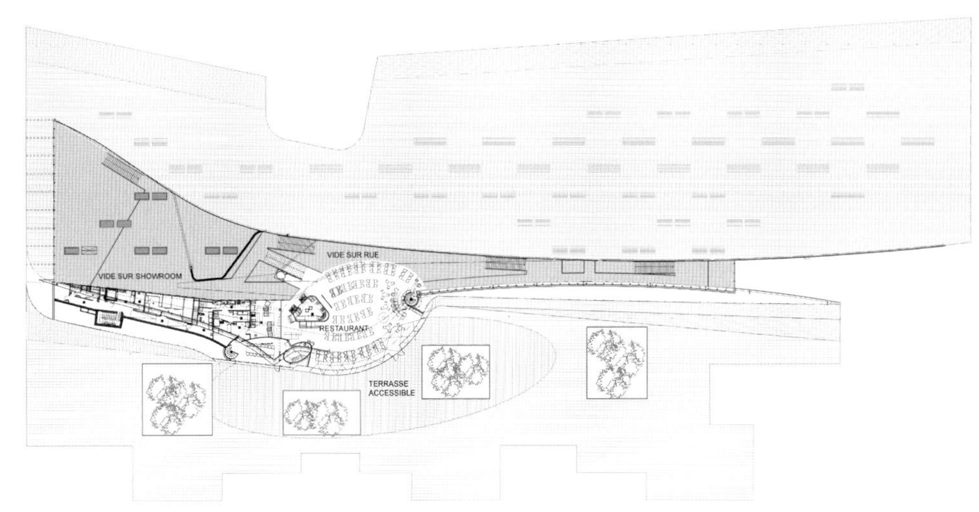

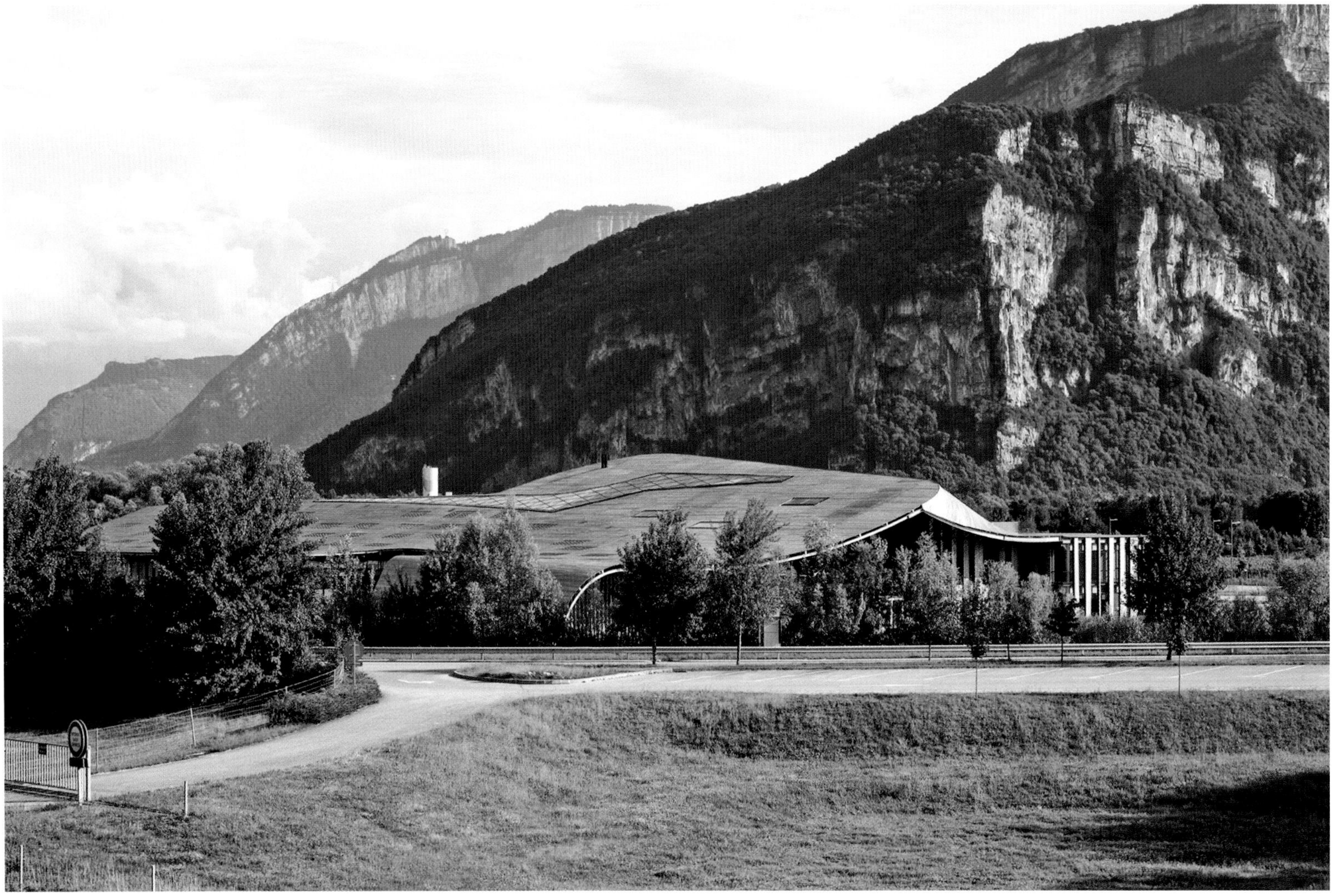

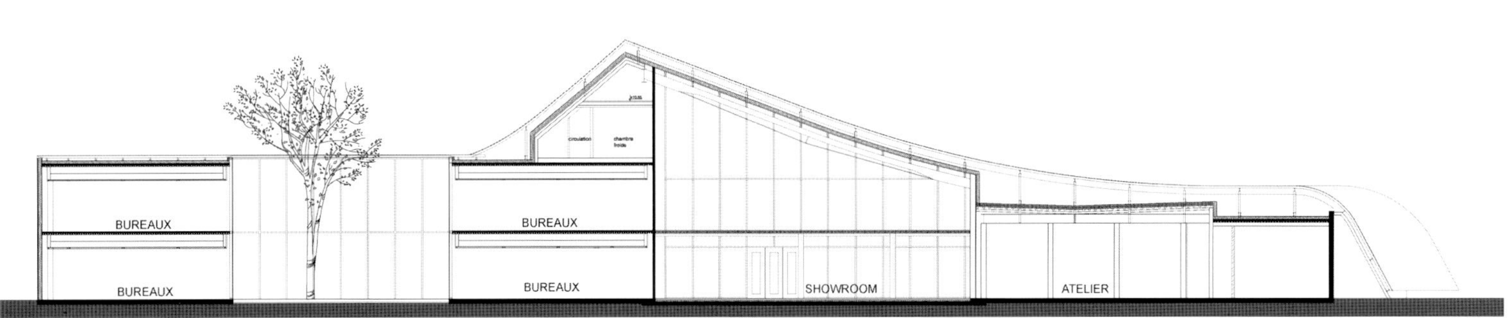

circulation
chambre froide
BUREAUX
BUREAUX
BUREAUX
BUREAUX
SHOWROOM
ATELIER

C3

1
2
3
4
5
6
7
8
9
10

1 2 3 4 5 6 7 8 9 10 11 6 5 12 13 14 12 5 15 6 10 16 17 18 19
1
2
3
4
5
0,9

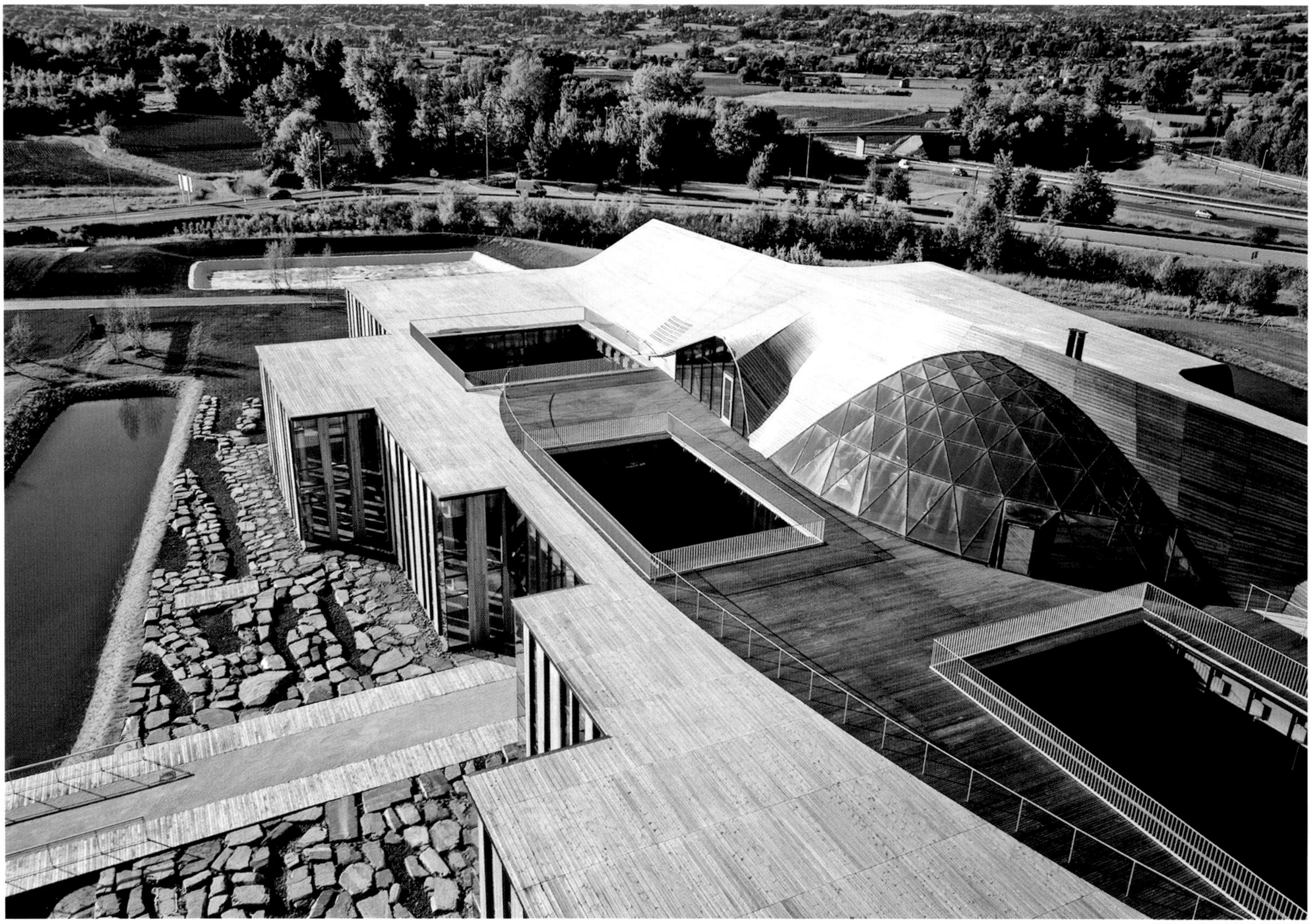

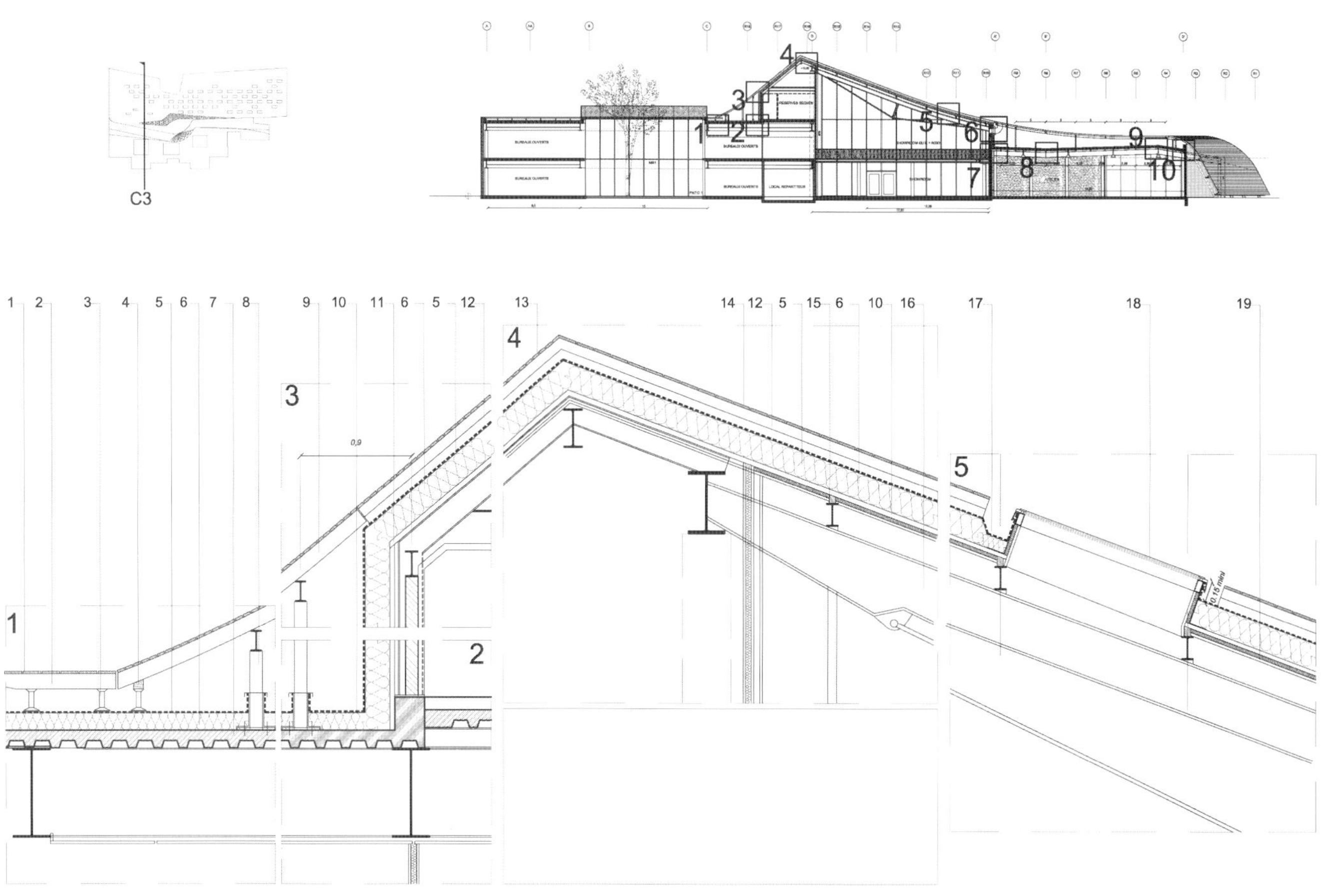

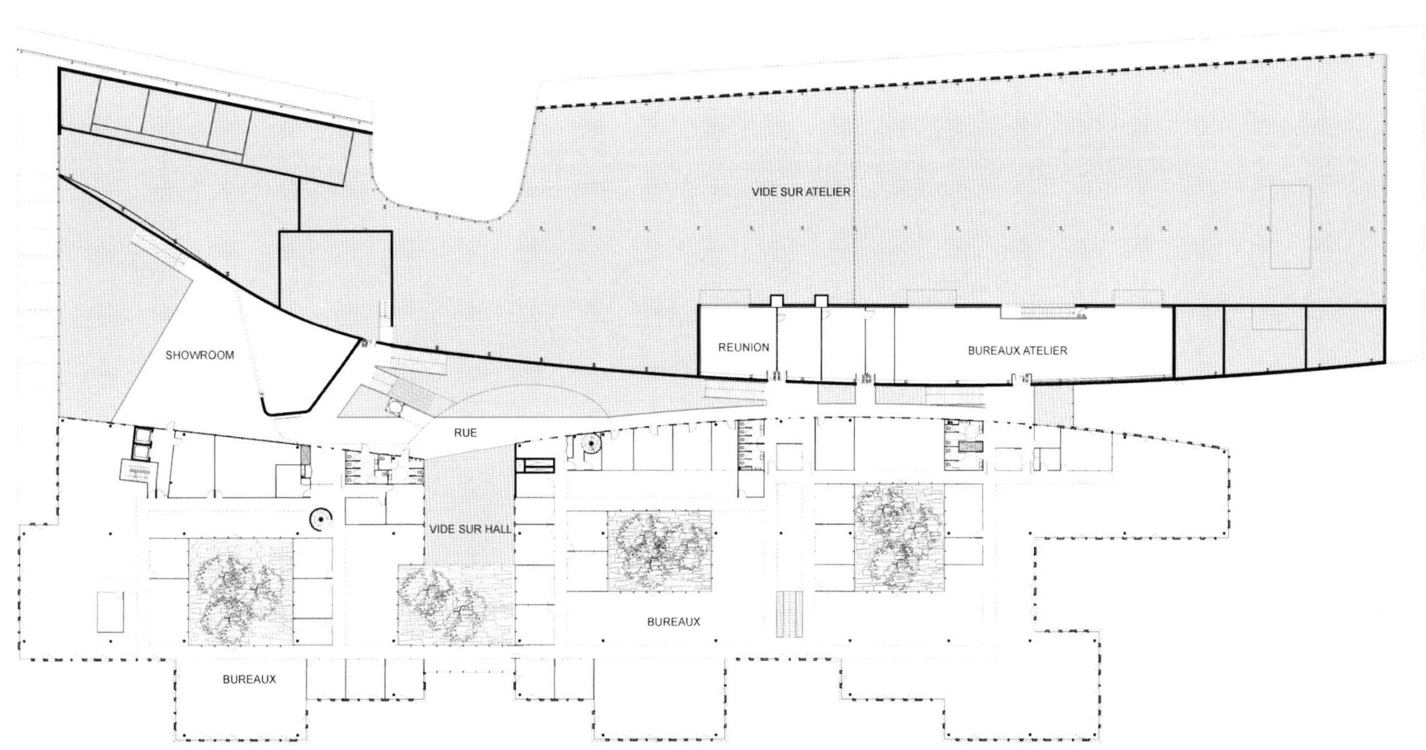
VIDE SUR ATELIER
SHOWROOM
REUNION
BUREAUX ATELIER
RUE
VIDE SUR HALL
BUREAUX
BUREAUX

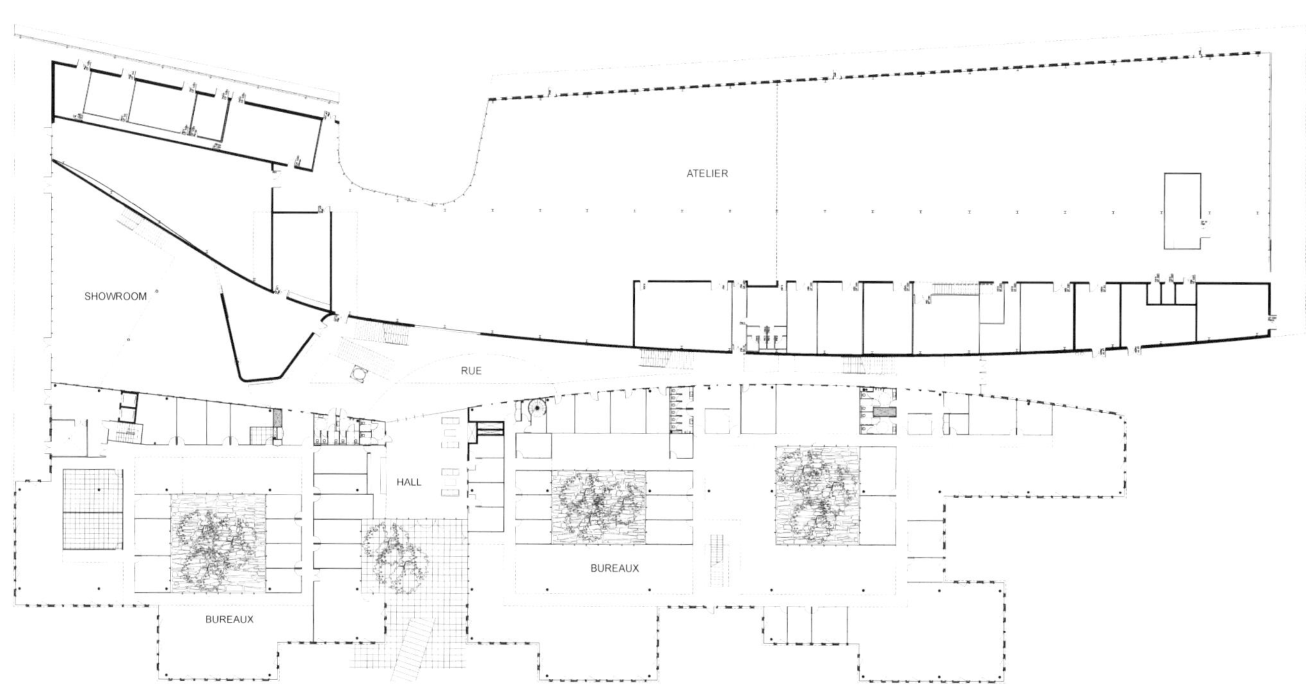
ATELIER
SHOWROOM
RUE
HALL
BUREAUX
BUREAUX

卡尔梅里特寺院

设计单位：LOVE建筑与城市规划有限公司
竣工时间：2011年
项目地点：奥地利格拉茨市
总楼面面积：10 522 m²
摄 影 师：加斯明・舒勒尔

项目的目标是对原建筑进行改造和翻新，并添加能够满足下列需求的附属建筑。

从建筑结构和隔热性能两个方面对外立面进行升级改造。

改造现有建筑，使其具有现代化特色；改善工作场所的环境；使建筑在各个方位都具有可访问性；适应海洋岛新的消防规定。

进一步增强各建筑之间的连接，形成一个封闭的多功能综合体。

现有建筑综合体由以下三个不同时期建造的、施工质量完全不同的建筑组成。

卡尔梅里特广场1号在巴洛克时代早期就已经是该地区的地标性建筑。

卡尔梅里特广场2号是一座20世纪60年代末期建造的办公大楼。广场于2005年经过重新设计翻修，看上去与现有环境不太协调。

保鲁斯托尔街4号是一座巴洛克时代晚期建造的建筑，在20世纪50年代进行了大规模的改造（新增了一个屋顶、一个侧厅以及庭院的附属建筑物）。

该项目设计是以以下内容为导向的：新建筑的设计以及对现存结构进行的改造，以展示珍贵的旧建筑结构；开发新的设计方案，替换或包含吸收五六十年代进行的改造，以恢复早期设计中弥足珍贵的封闭式布局。

卡尔梅里特广场2号改建工程

改建工程以格拉茨建筑传统为基础，包括富有特色的三维动态立面（利用一种特殊抹灰工艺打造动态的效果）以及典型的由“格拉茨之石”制成的窗户（利用当代方法重新进行诠释）。与天花板齐高的窗扉（以面向立面平面的统一角度安装在立面前方）面向广场，可以依次以不同的折射角度反射广场上进行的活动、周围建筑以及天空。

从功能方面看，该立面能适应气候的变化。立面有两层，固定在正面上的是防阳光型玻璃，外立面的圆周形框架的四周设有通风口。滑动门向内安装，打开后可以进行室内空气与自然空气之间的交换。房间的机械夜间通风可以辅助自然空气交换，有效地降低房间温度。这样可以防止房间在夏天温度过高，让人们拥有舒适的工作环境。此外，双层立面可以作为冬季花园，立面内部种植了很多植物。

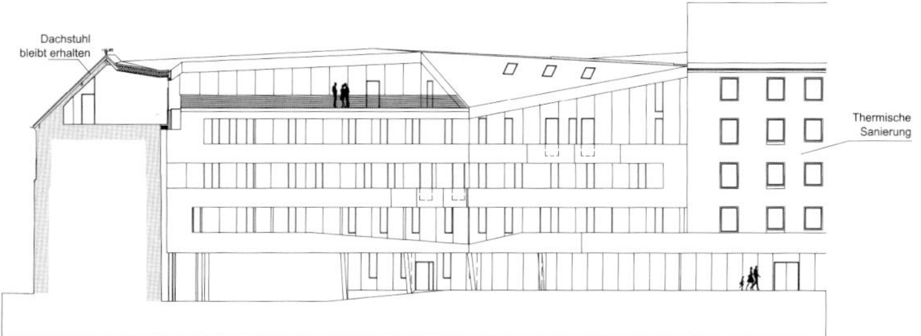
Dachstuhl bleibt erhalten
Thermische Sanierung

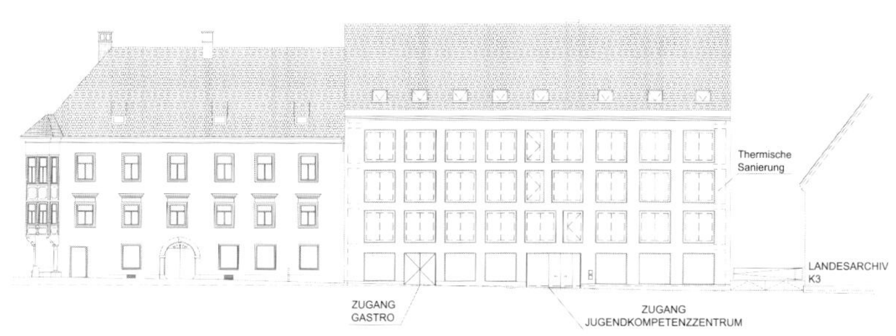
Thermische Sanierung
LANDESARCHIV K3
ZUGANG GASTRO
ZUGANG JUGENDKOMPETENZZENTRUM

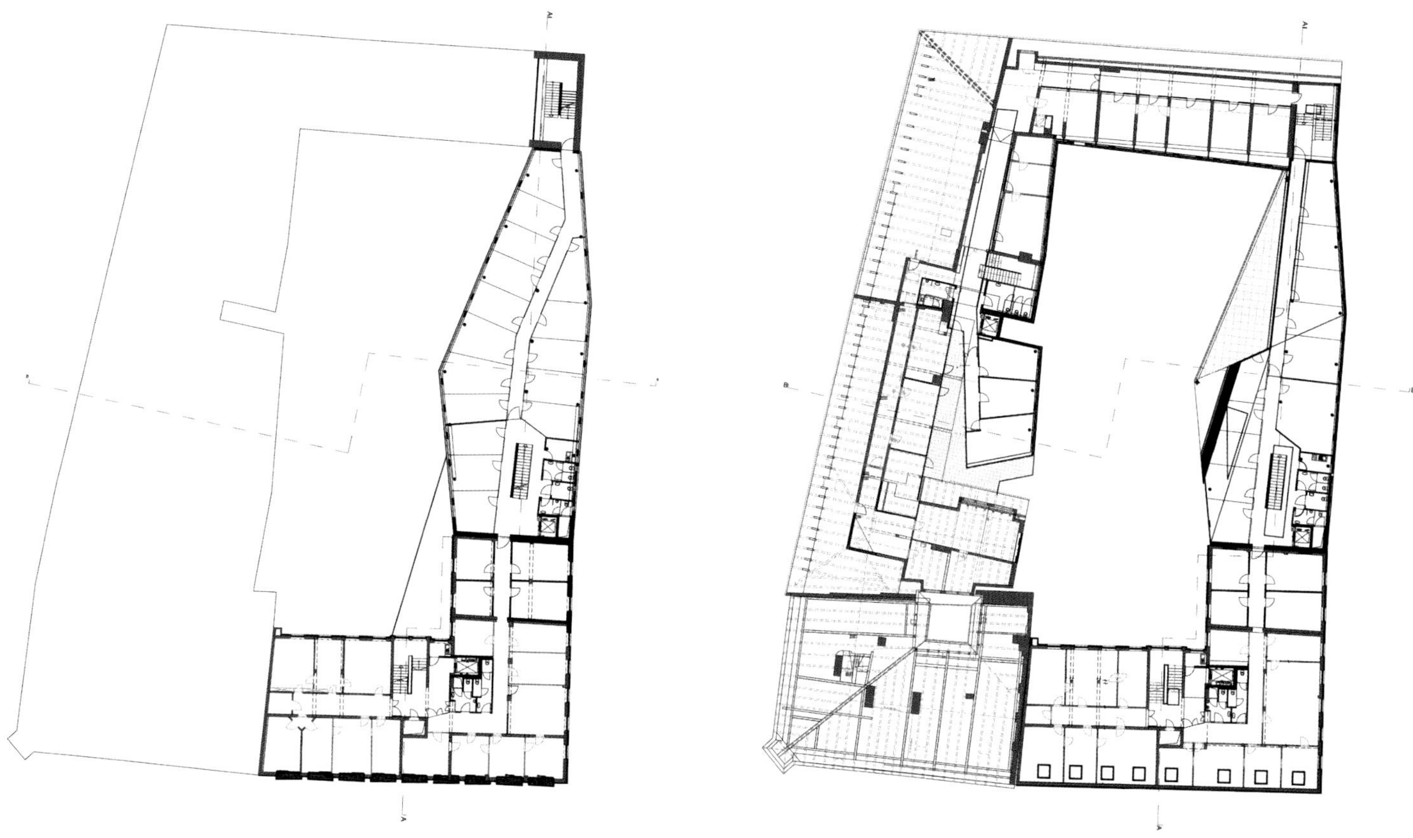

4C大厦——中国会议服务中心

设计单位：mOa-mario Occhiuto architecture
项目地点：中国北京市
项目面积：6 755 m^2
摄 影 师：舒赫

该项目是中国环境研究和保护总局管理的中意环境保护合作项目的一部分。

4C大厦采用了符合所有可持续发展标准的建筑形式对所有环境元素进行综合评估，目标是适应城市背景和环境以及突出其在城市景观中的可识别性，并通过这种方式体现本地特征的稳定性。

这栋大楼现在入住的是负责管理《多边环境协定》的实施并打击非法贩运危险化学品的中国政府部门。

该大楼的紧凑结构源自事先进行的结构规划：大楼通过技术手段将原始结构挖掘、分割以及分解成不同的元素，从而定义基本的地块形状。由于大楼和其他三栋邻近建筑在南北方向排成一列，从南北两侧分别望去，这些建筑之间具有明显的差异。

大楼结构紧凑，主要采用了材料结构为基础。大楼北面是一些横向狭缝结构，这样可以获得与城市景观融合的最佳视觉效果。外立面嵌入了宽幅中央幕墙，用来标志大楼入口和所有悬挑全景房间的轴向。相反地，大楼南侧是一些被掩盖在高楼之间的胡同，显得零散但富有动感。由于采用了大面积的落地玻璃，所以大楼的结构特征并不明显，但不同的外墙材料和结构组合赋予了大楼更多的特色。

考虑到该工程的关键要素是节能，大楼设计开始就对高效适用的标准进行了研究：调整大楼外墙的隔热和反射部分，并采用了具备科技和创新解决方案的夹层，比如大楼西南面采用了光电玻璃窗、遮阳棚和遮光架结构。

外墙材料采用了闪银色铝塑板和石质板材。使用此类石质板材可减轻外墙重量，同时也可减少二手原材料的使用量，降低支撑结构带来的影响。

大楼室内地面采用石质材料。大楼内部地面是精致的意大利大理石瓷砖，利用古罗马镶嵌画使用的传统技法制作的不同颜色图案作为装饰。

大楼内部庭院利用太阳能枝形吊灯作为主要光源，由于采用了敞开式屋盖和日光反射系统，增强了自然采光，同时改善了冬夏两季大楼内部的气温变化。

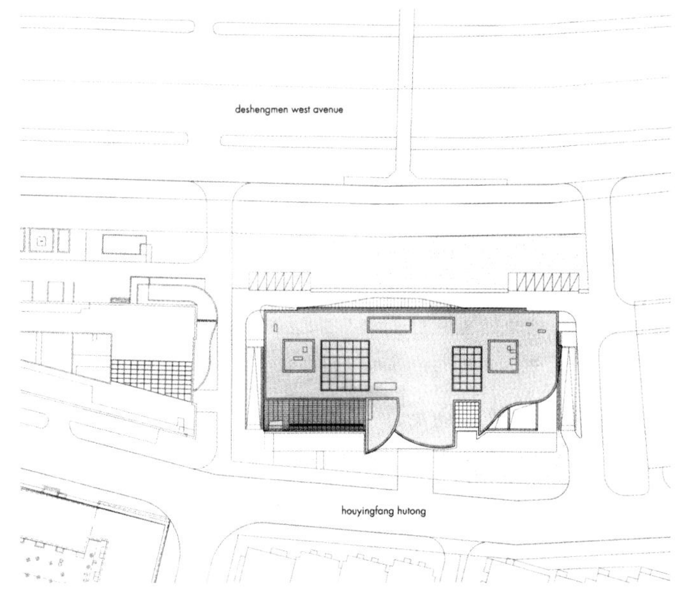

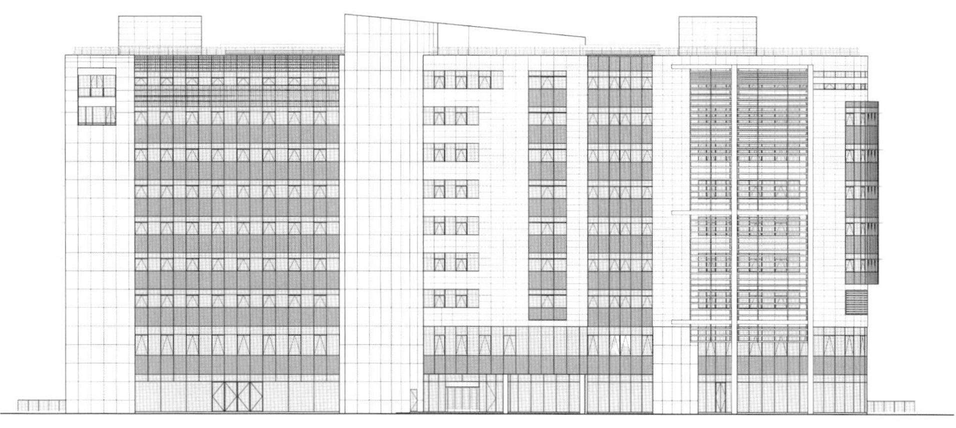
南立面图

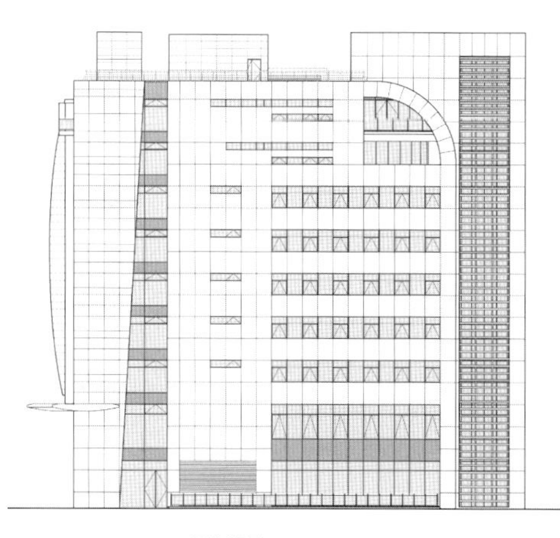
西立面图

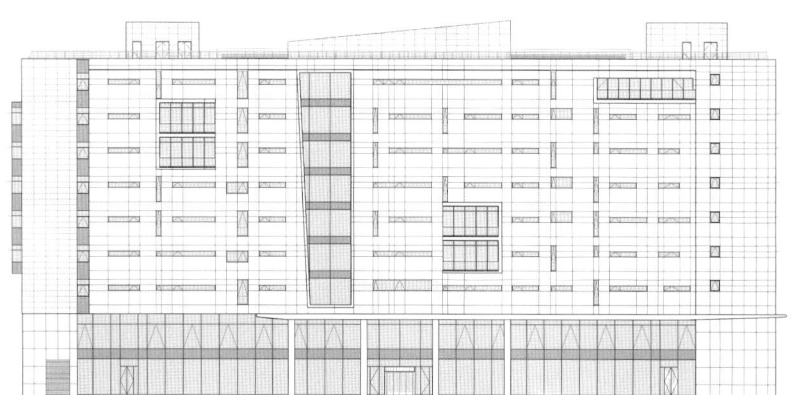
北立面图

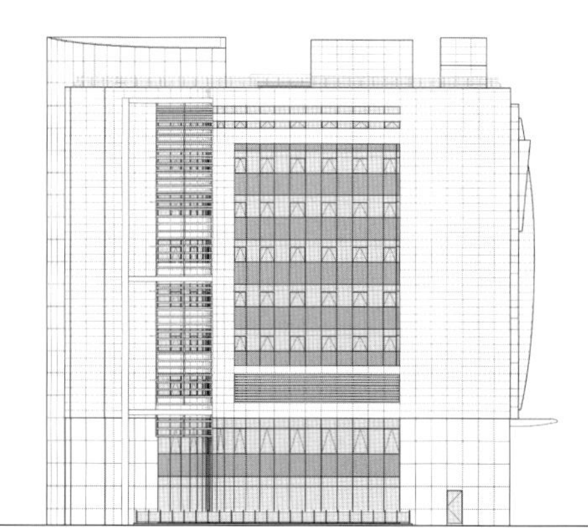
东立面图

北侧正面图——二环路

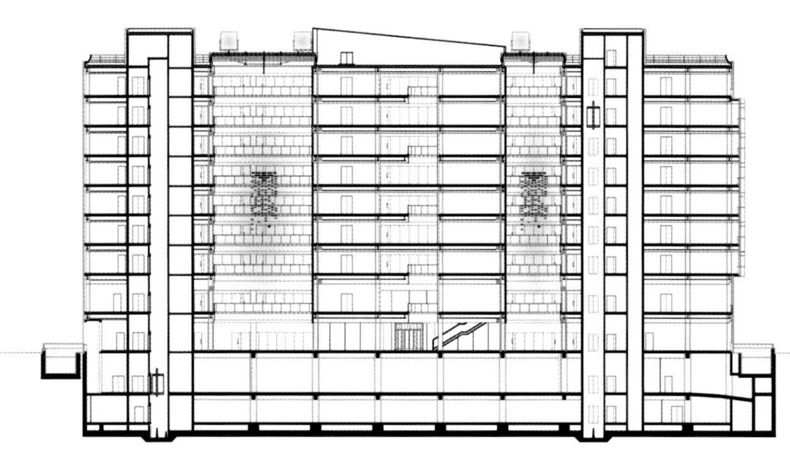

纵向截面图

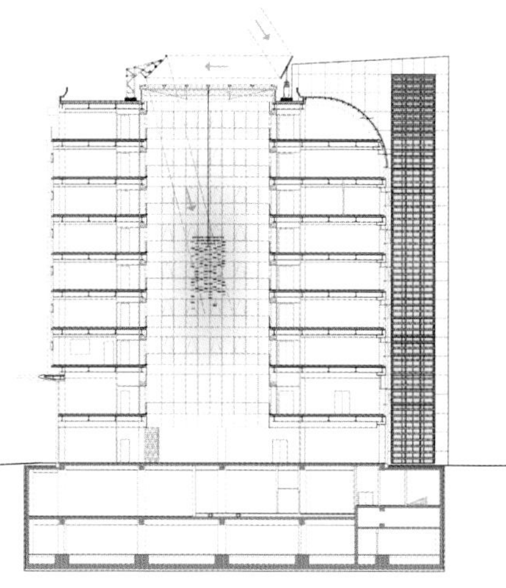

截面图

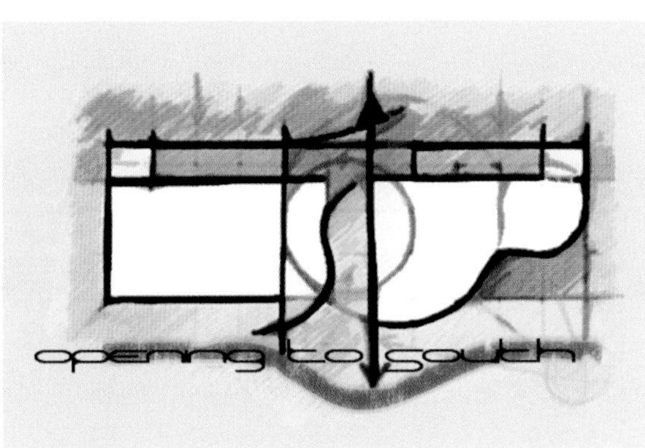

创作草图

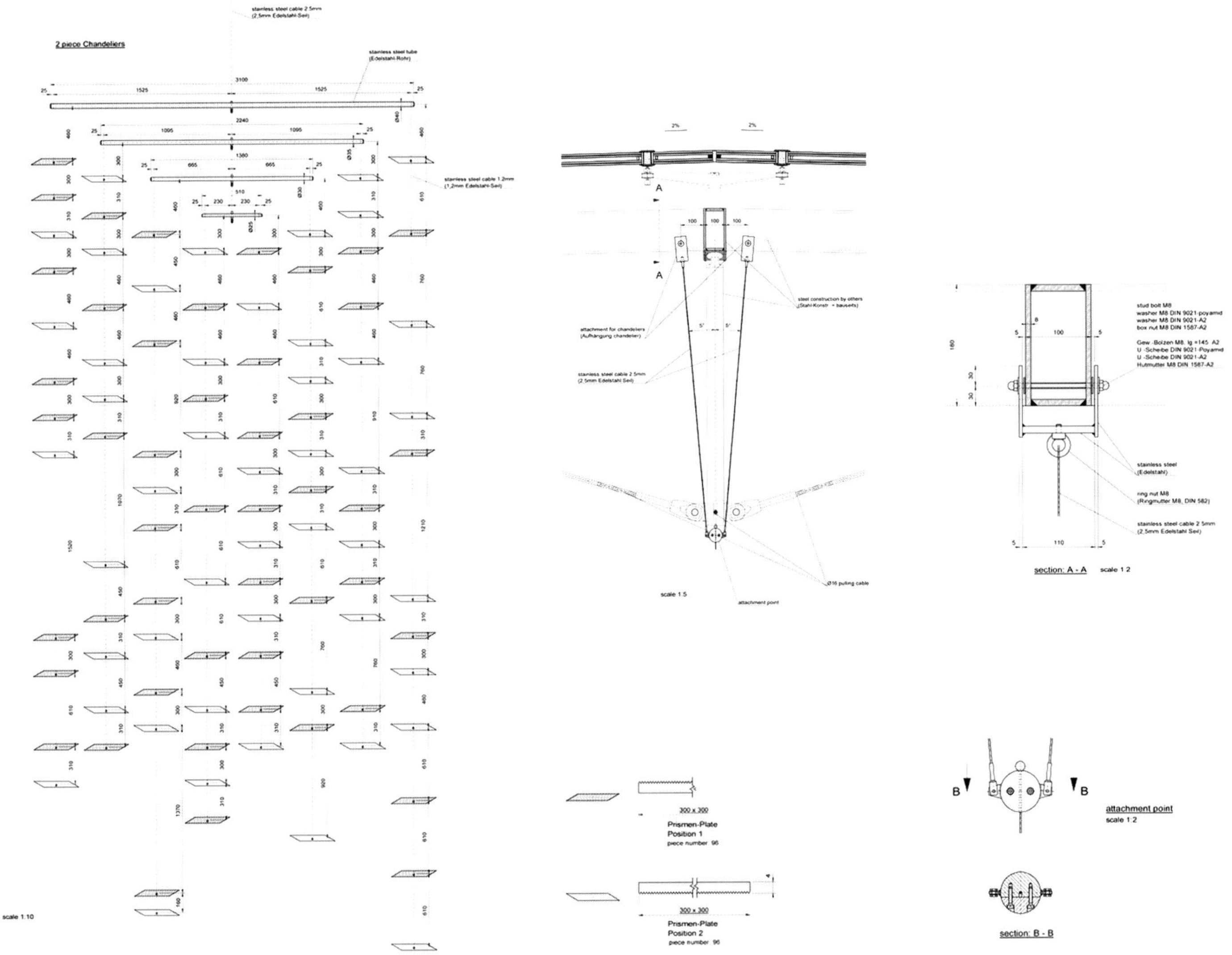

2 piece Chandeliers

stainless steel cable 2.5mm (2,5mm Edelstahl-Seil)

stainless steel tube (Edelstahl-Rohr)

stainless steel cable 1.2mm (1,2mm Edelstahl-Seil)

scale 1:10

steel construction by others (Stahl-Konstr. = bauseits)

attachment for chandeliers (Aufhängung chandelier)

stainless steel cable 2.5mm (2,5mm Edelstahl-Seil)

Ø16 pulling cable

scale 1:5

attachment point

stud bolt M8
washer M8 DIN 9021-poyamd
washer M8 DIN 9021-A2
box nut M8 DIN 1587-A2

Gew.-Bolzen M8, lg =145 A2
U.-Scheibe DIN 9021-Poyamd
U.-Scheibe DIN 9021-A2
Hutmutter M8 DIN 1587-A2

stainless steel (Edelstahl)

ring nut M8 (Ringmutter M8, DIN 582)

stainless steel cable 2.5mm (2,5mm Edelstahl-Seil)

section: A - A scale 1:2

300 x 300
Prismen-Plate
Position 1
piece number 96

300 x 300
Prismen-Plate
Position 2
piece number 96

attachment point
scale 1:2

section: B - B

枝形吊灯

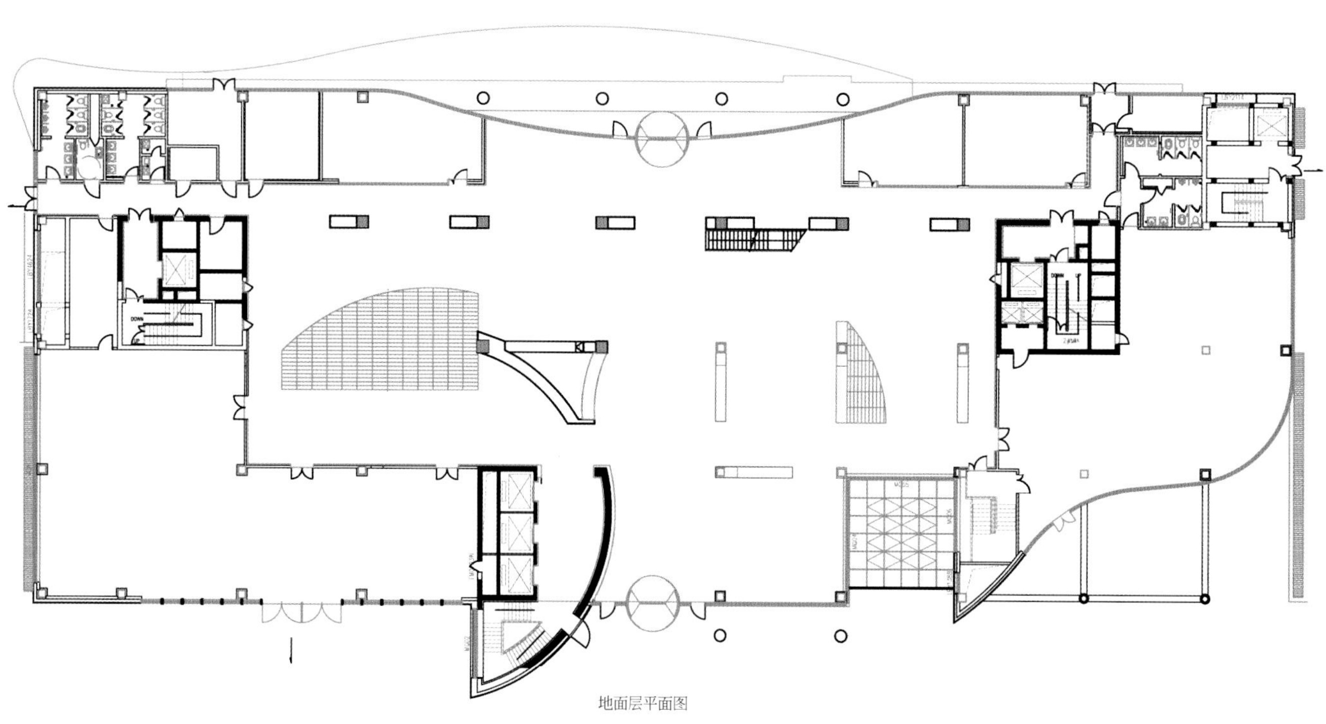

地面层平面图

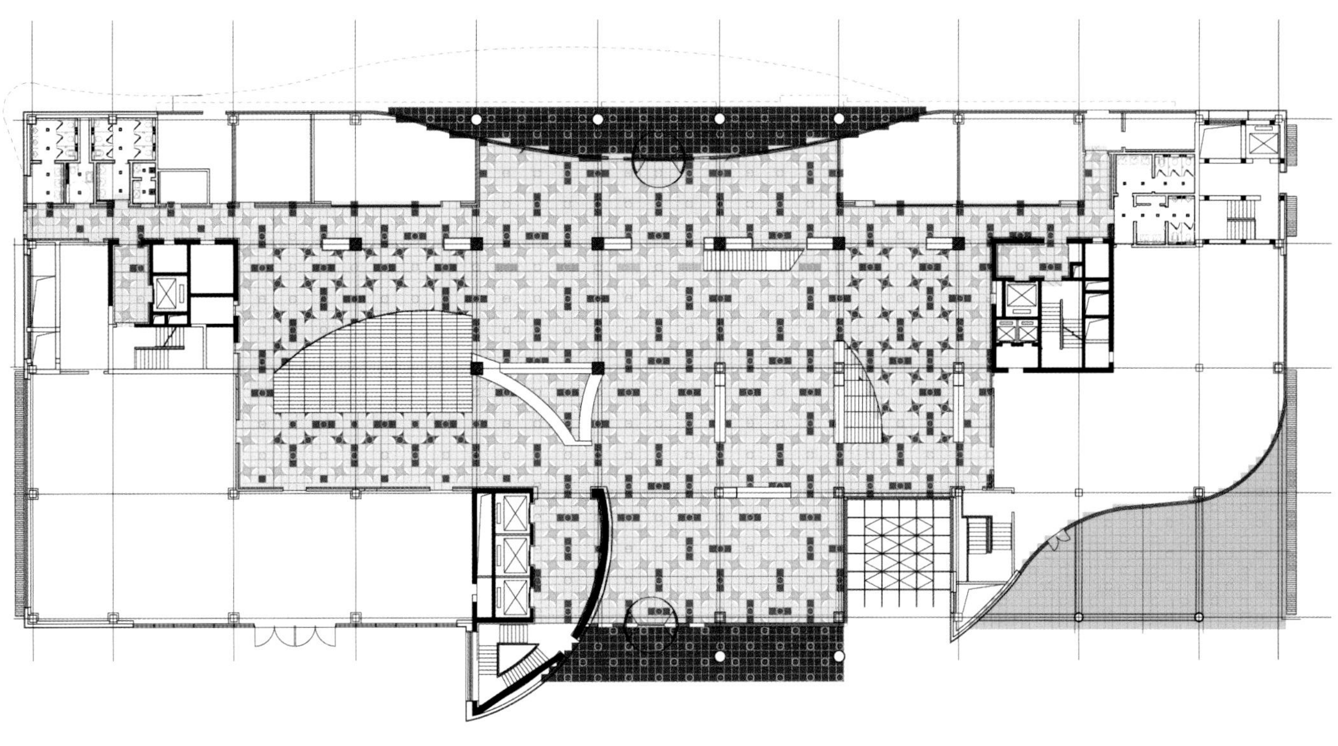

一层平面图

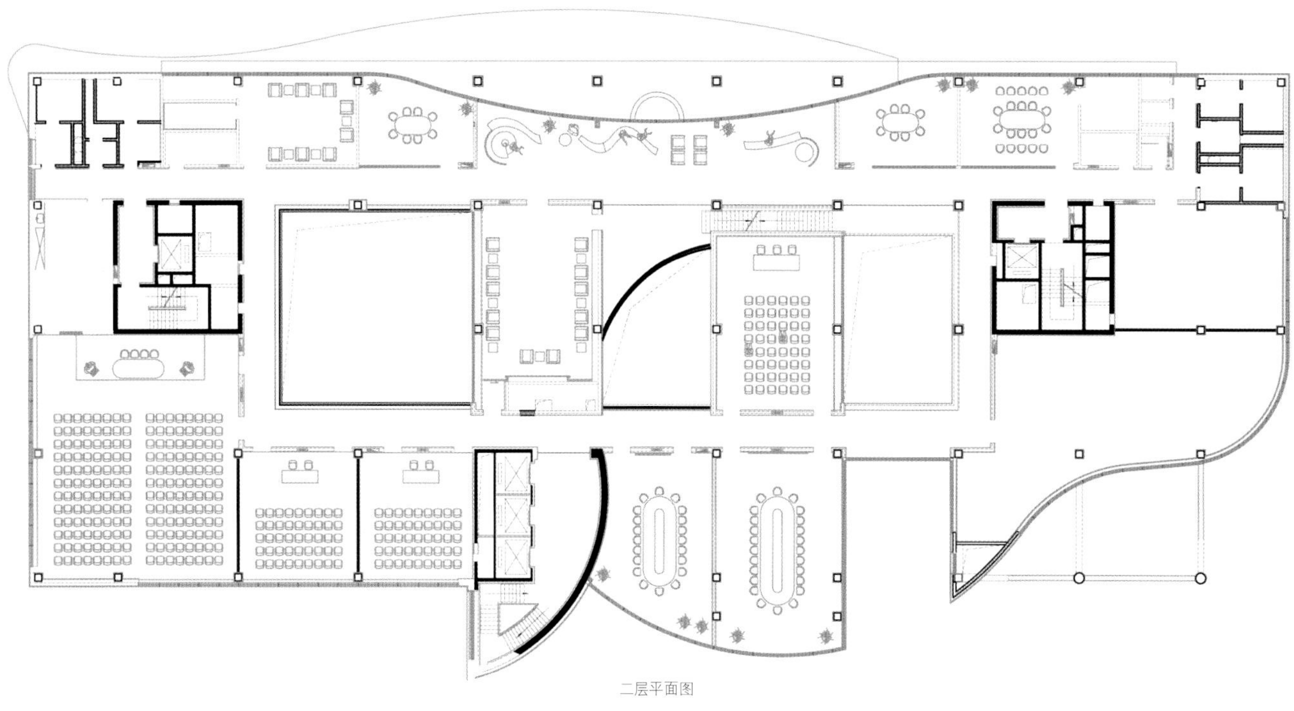

二层平面图

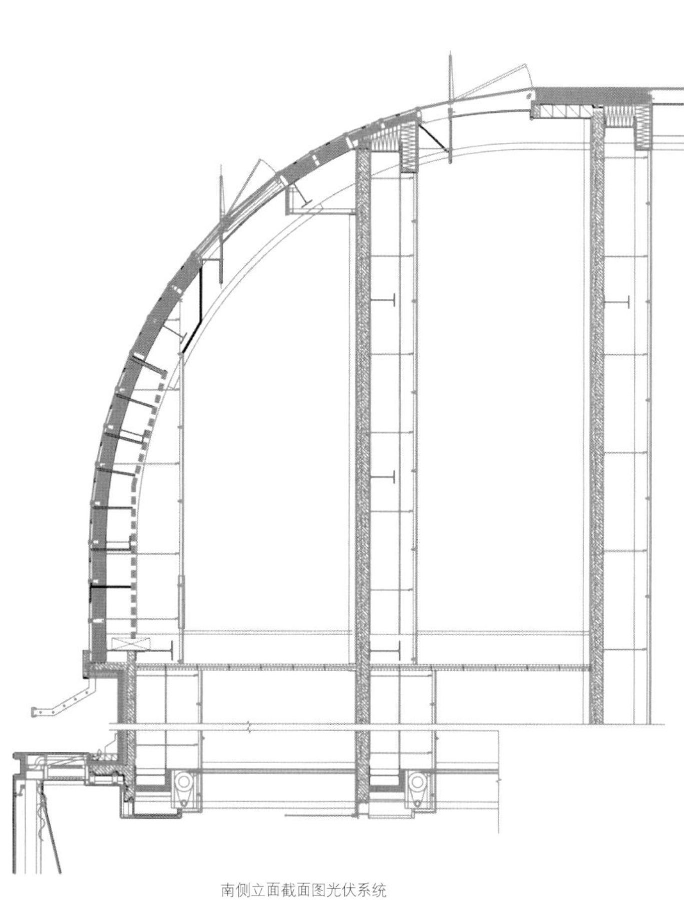

南侧立面截面图光伏系统

里昂卡斯蒂利亚神经科学研究院（INCYL）

设计单位：CANVAS ARQUITECTOS
竣工时间：2007年
项目地点：西班牙萨拉曼卡市
项目面积：5 750 m^2
摄 影 师：刘易斯·阿辛

该建筑出现在萨拉曼卡市西部入口处，成为这个以学习和研究闻名的城市的明显标志。

该建筑计划用做进行基础神经系统研究的实验室和设置动物实验设施。

该建筑的设计依赖于这样一个清晰的思路，即建筑能同时与复杂的城市环境及研究中心不同的技术需求相呼应。在这种情况下，我们提出的方案是将该建筑与周围古板的建筑物区分开来，使得该建筑成为其他建筑的参照物，并帮助人们连接该城市边缘区。

随后采用的方案是开发一个巨大的隐蔽空间，将项目主要部分掩藏在一座升起的花园之下，使花园的褶皱面与该地区的原始地形融合在一起。屋顶的花园平台在项目平面图最高处形成一个玻璃棱镜框架，是整个项目中的可识别部分。这是一座拥有多间实验室的研究用建筑，项目规划的其余部分用于教育及行政管理功能。

实验室规划项目位于屋顶花园的下面，在沿着建筑外立面的圆环上。在建筑物内，实验室就像一个个小岛一样，供研究使用。地下室里有动物实验设施，设施中包含能够隔开并保护自然光的设计元素。

露天平台是休息区域，最大的特点是拥有一个可以连续多天无间断举行活动的中心。玻璃制成的箱体结构建筑中拥有一间礼堂和多间研究生教室。

最终平面图上的大角度斜坡和凹面设计使将规划项目中的大部分区域统一在一个平台下的想法成为现实。在平台覆盖空间的顶层有一个镶有玻璃的小型休闲区域，从这里可以进入花园，它与下一个包含教育规划项目的箱体结构建筑之间形成清晰的连接。

建筑的入口设计得很自然。混凝土板下面是进入大厅的入口，通过一个斜坡，我们可以进入屋顶花园。

大厅由两个大型天井照亮。天井将自然光引入整个大厅，使人们可以清楚地看见实验室顶部的混凝土板。经过处理的自然光和人造光成为大厅的一大特色，并在大厅内创造出复杂的室内景观，同时，植被颜色和涂料颜色也存在于景观之中。

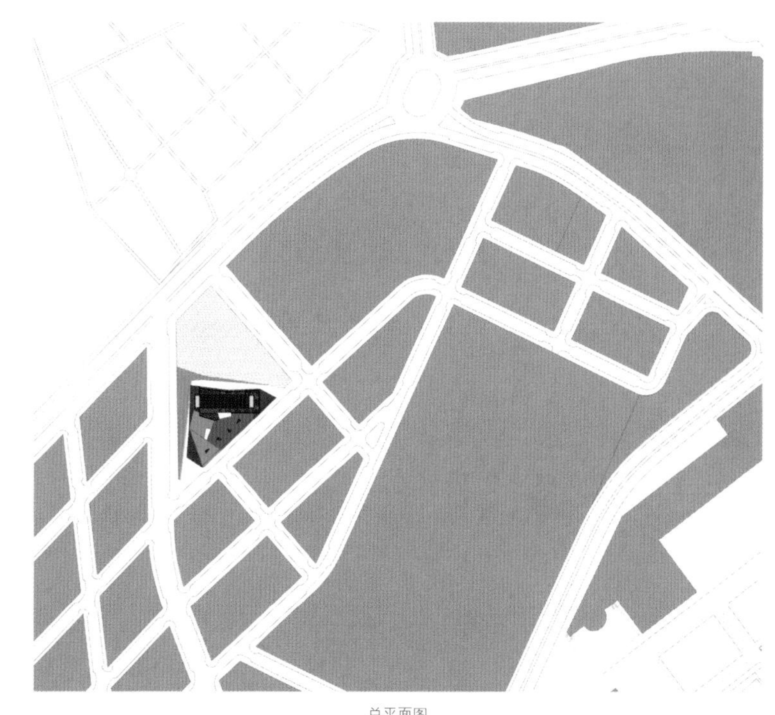

总平面图

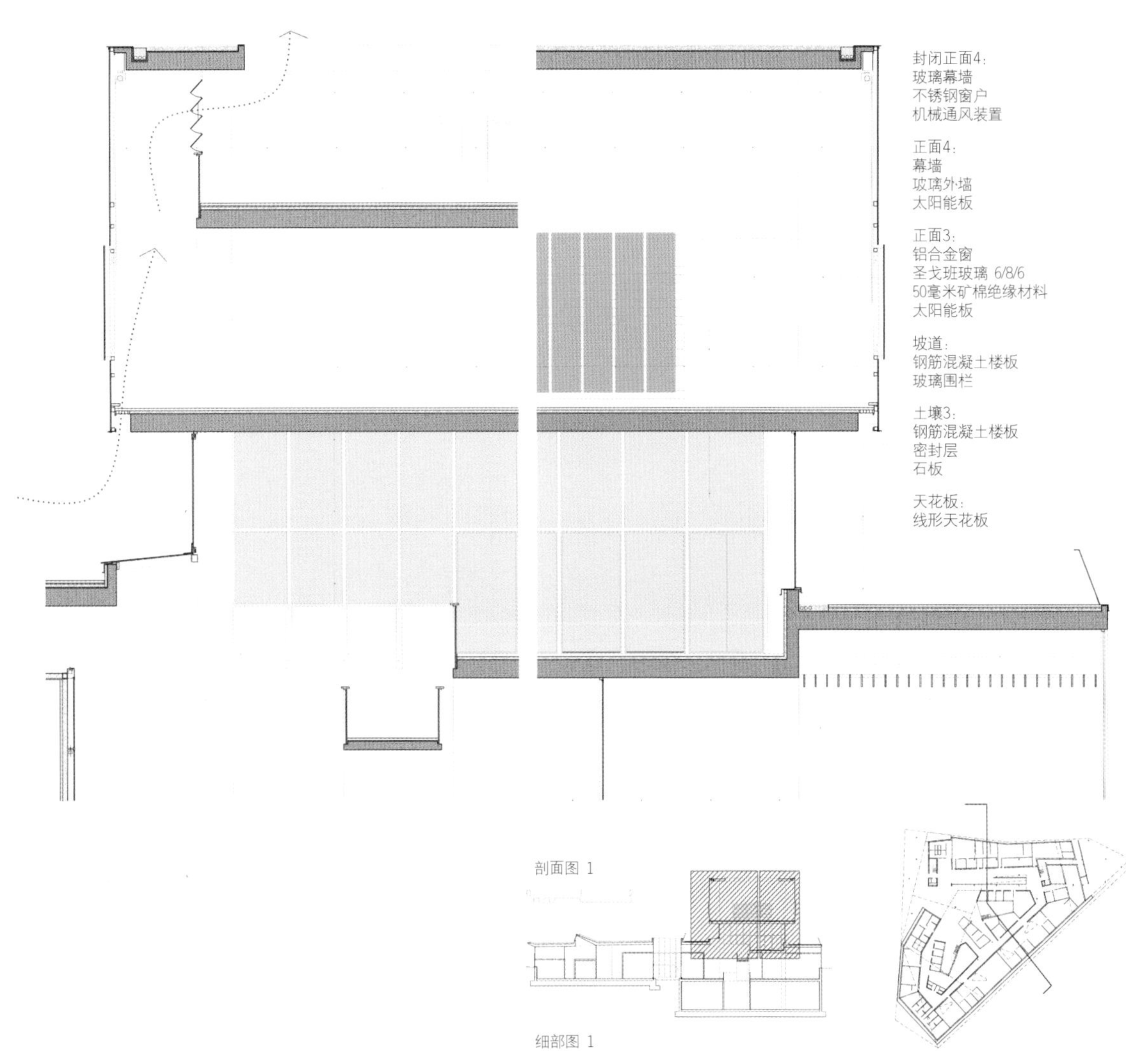
封闭正面4:
玻璃幕墙
不锈钢窗户
机械通风装置
正面4:
幕墙
玻璃外墙
太阳能板
正面3:
铝合金窗
圣戈班玻璃 6/8/6
50毫米矿棉绝缘材料
太阳能板
坡道:
钢筋混凝土楼板
玻璃围栏
土壤3:
钢筋混凝土楼板
密封层
石板
天花板:
线形天花板

剖面图 1

细部图 1

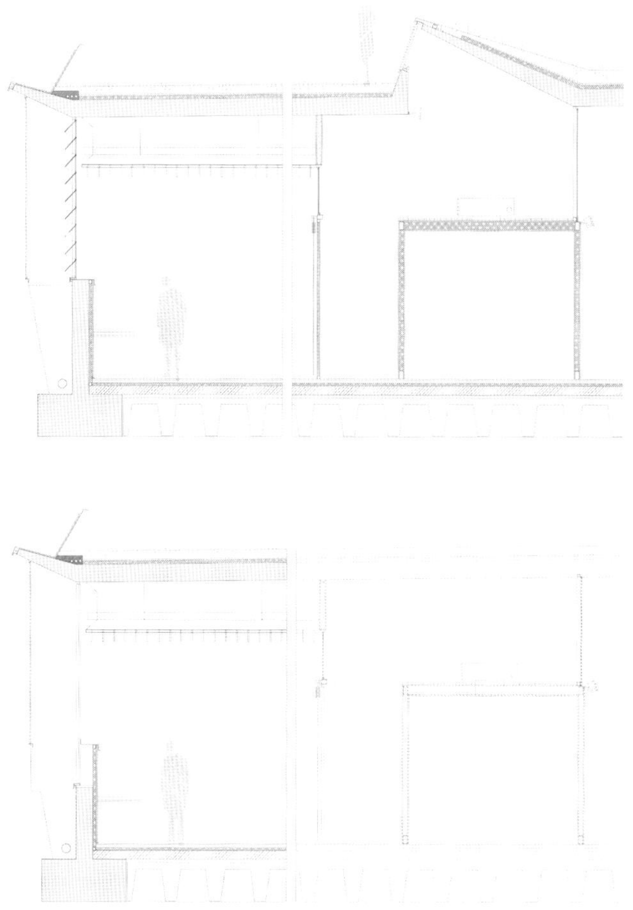

细部图 2

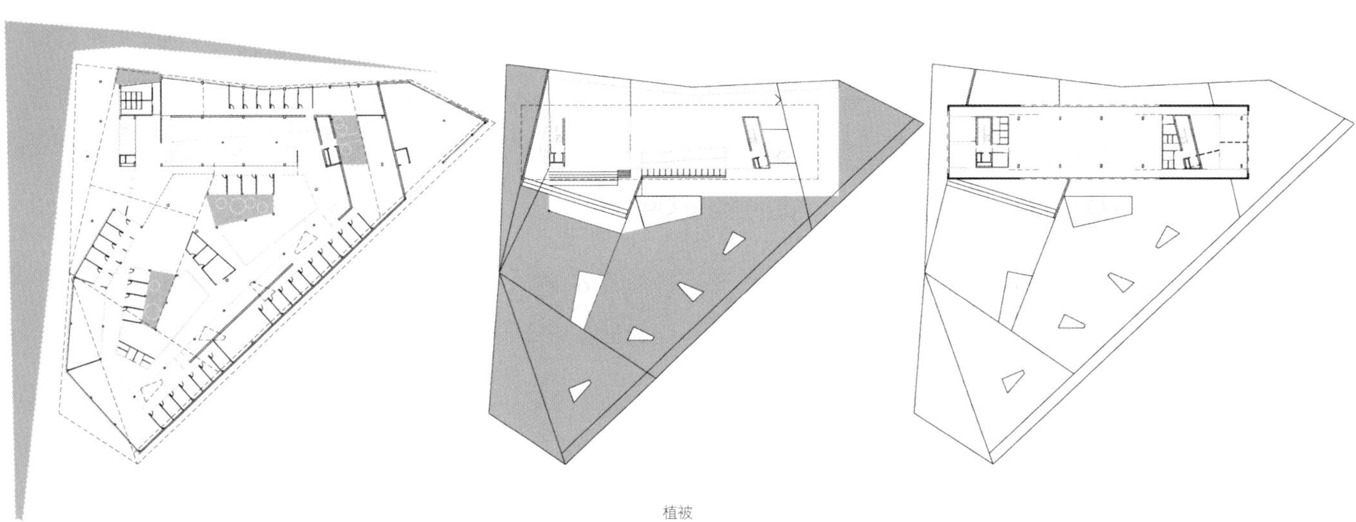

植被

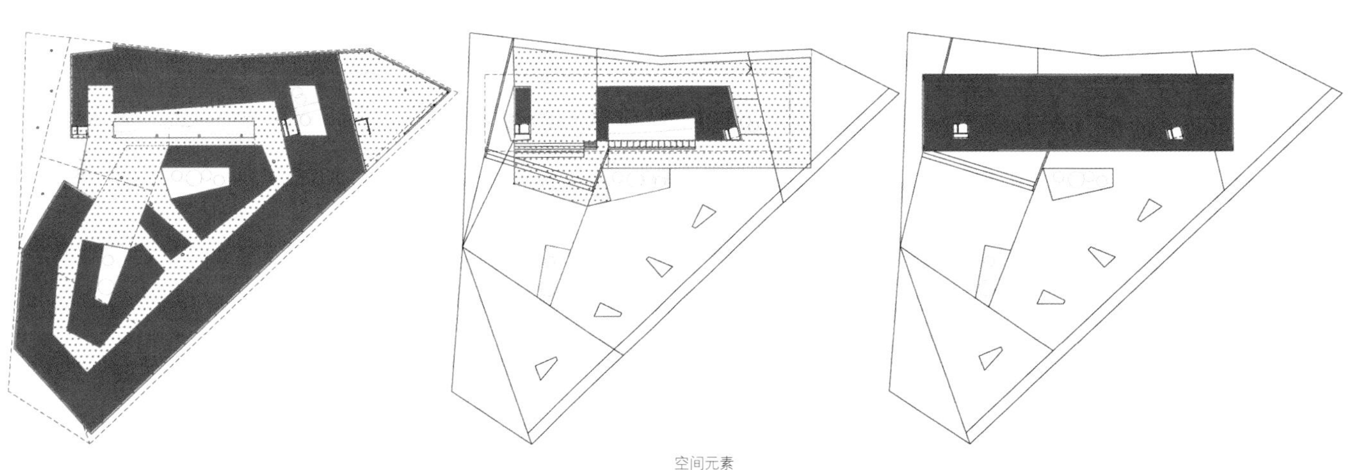

空间元素

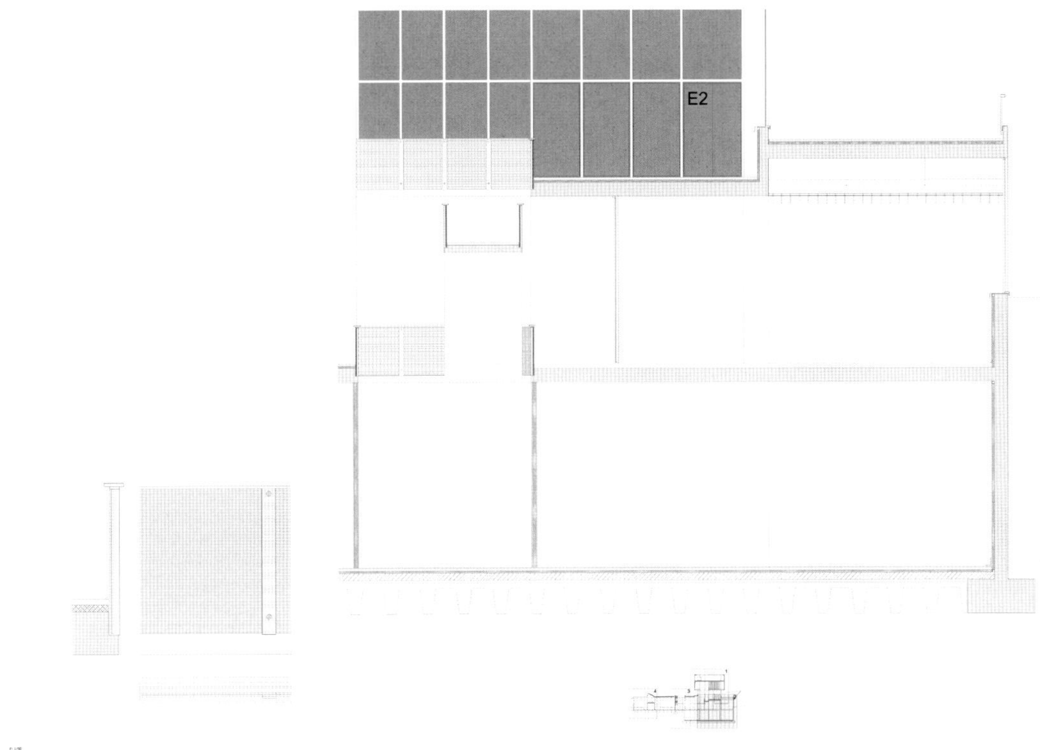

细部图 3

INCYL

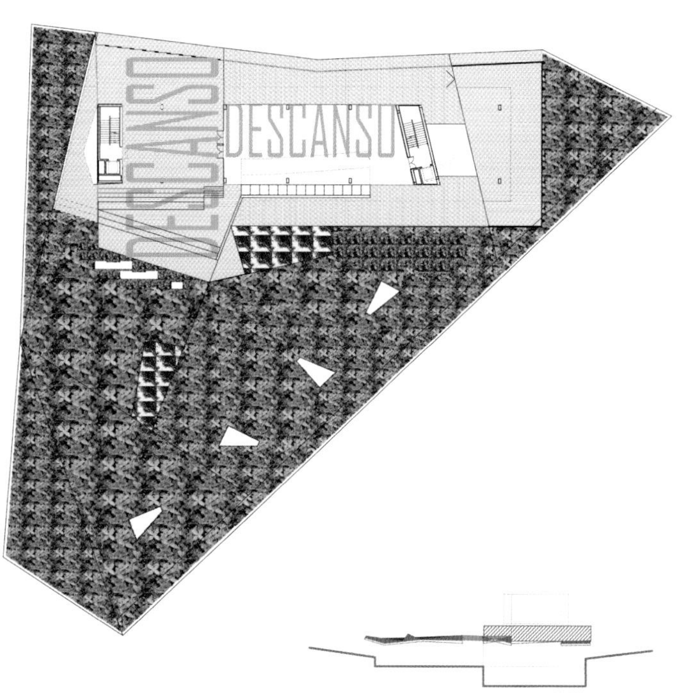

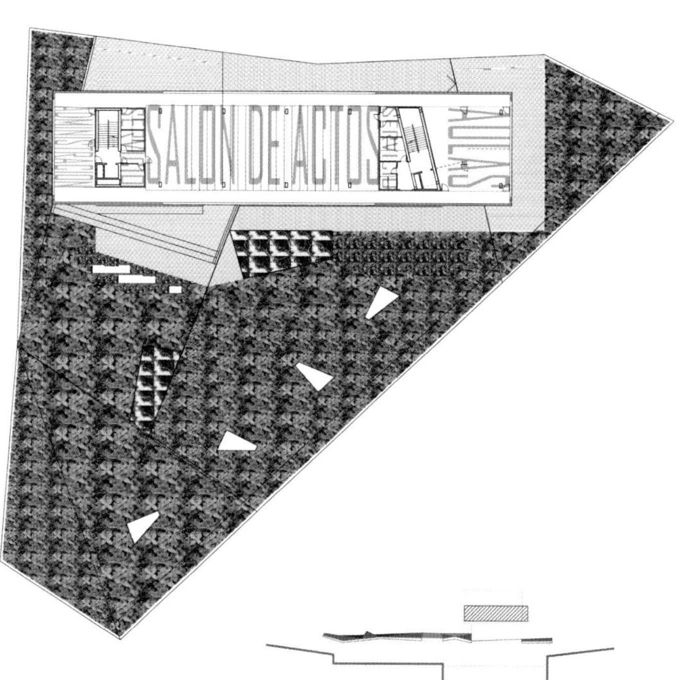

一、二层平面图

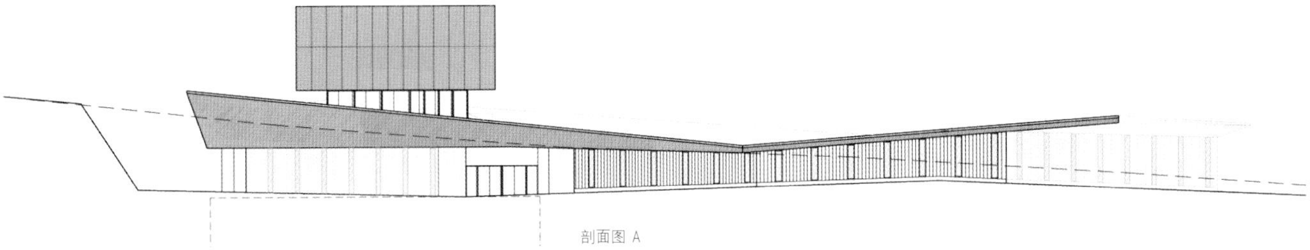

剖面图 A

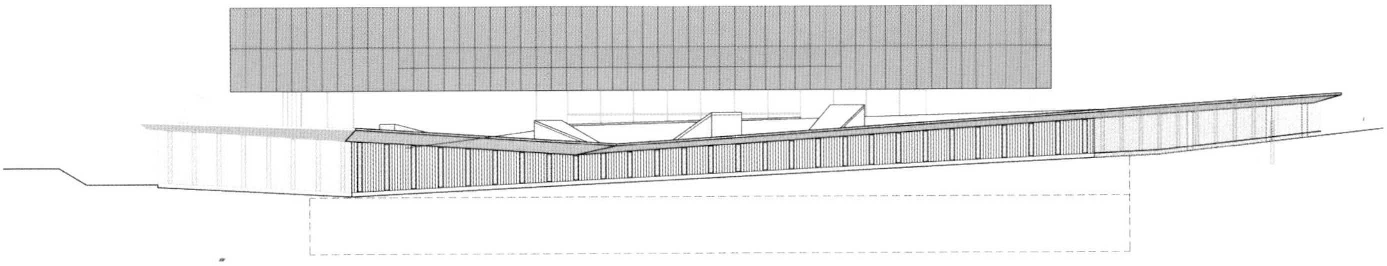

剖面图 B

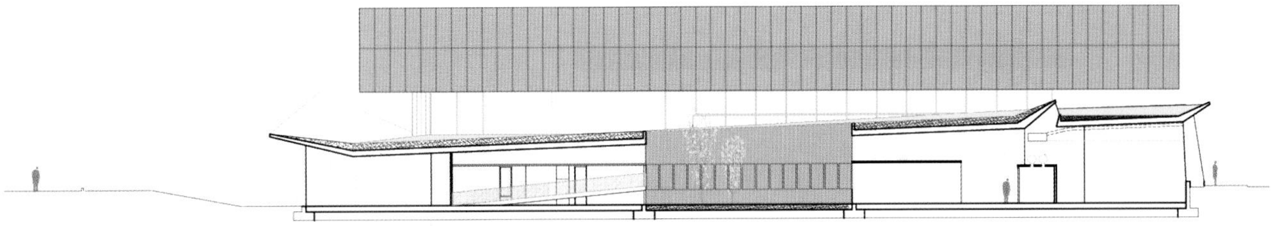

剖面图 C

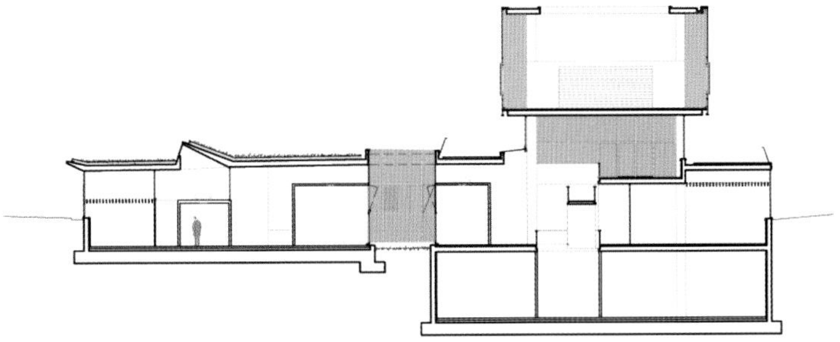

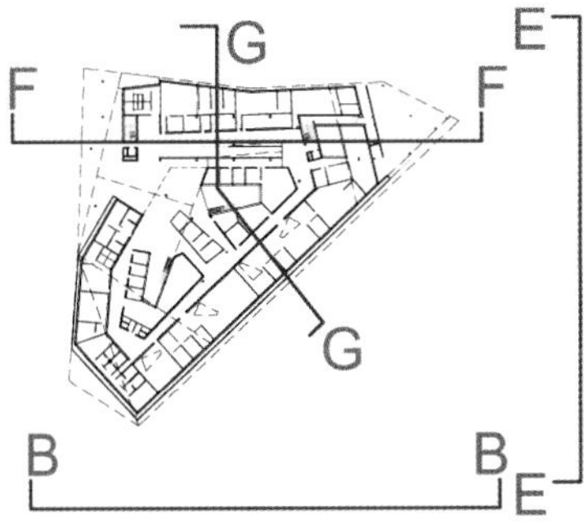

剖面图 D

aula

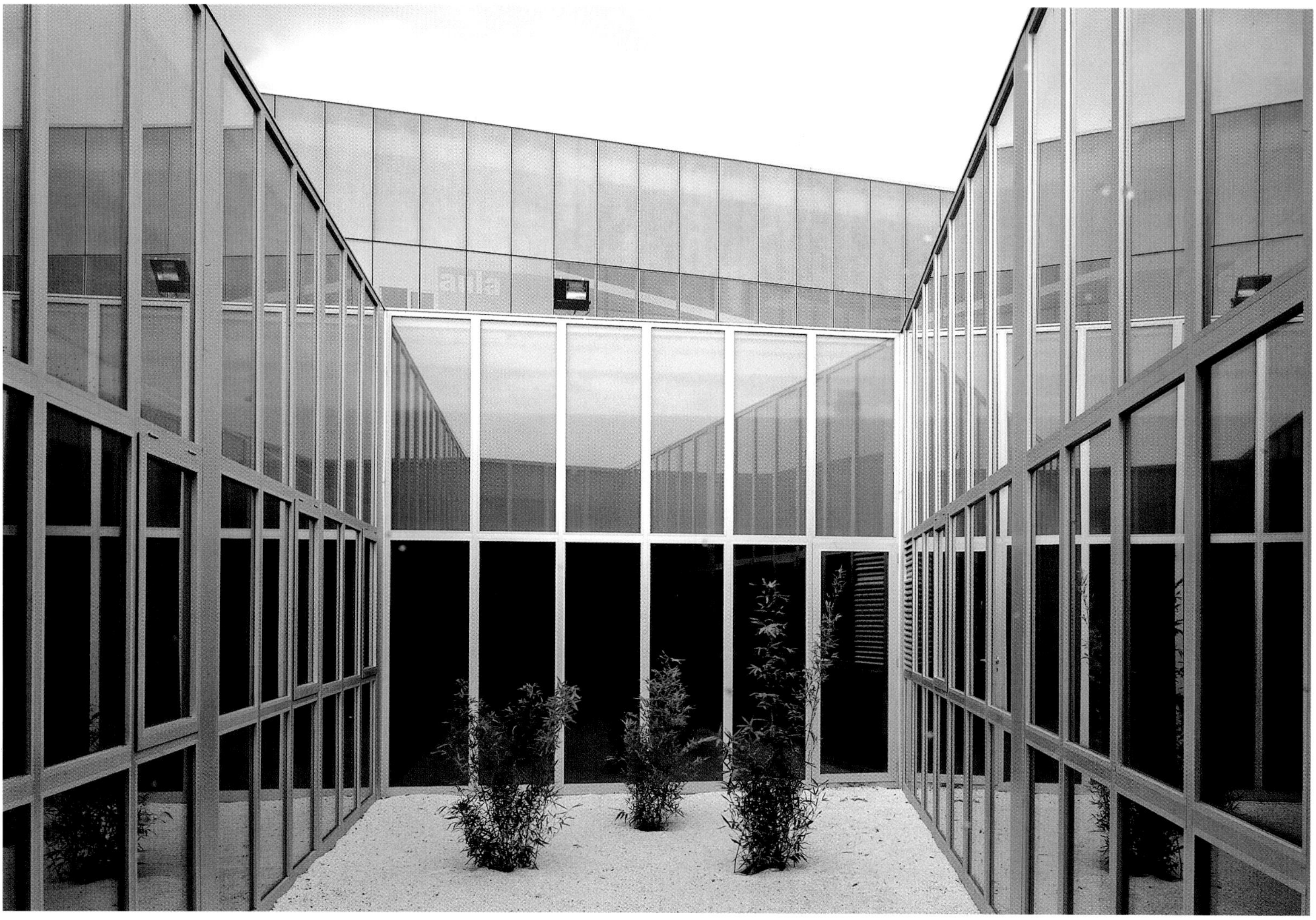

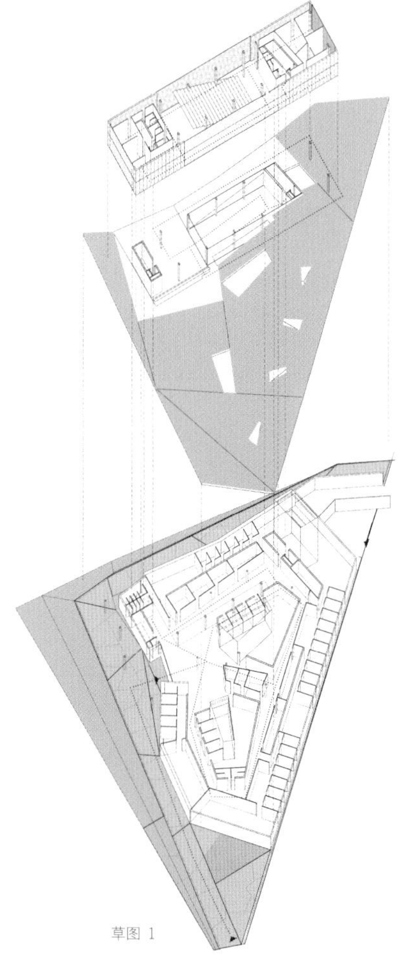

草图 1

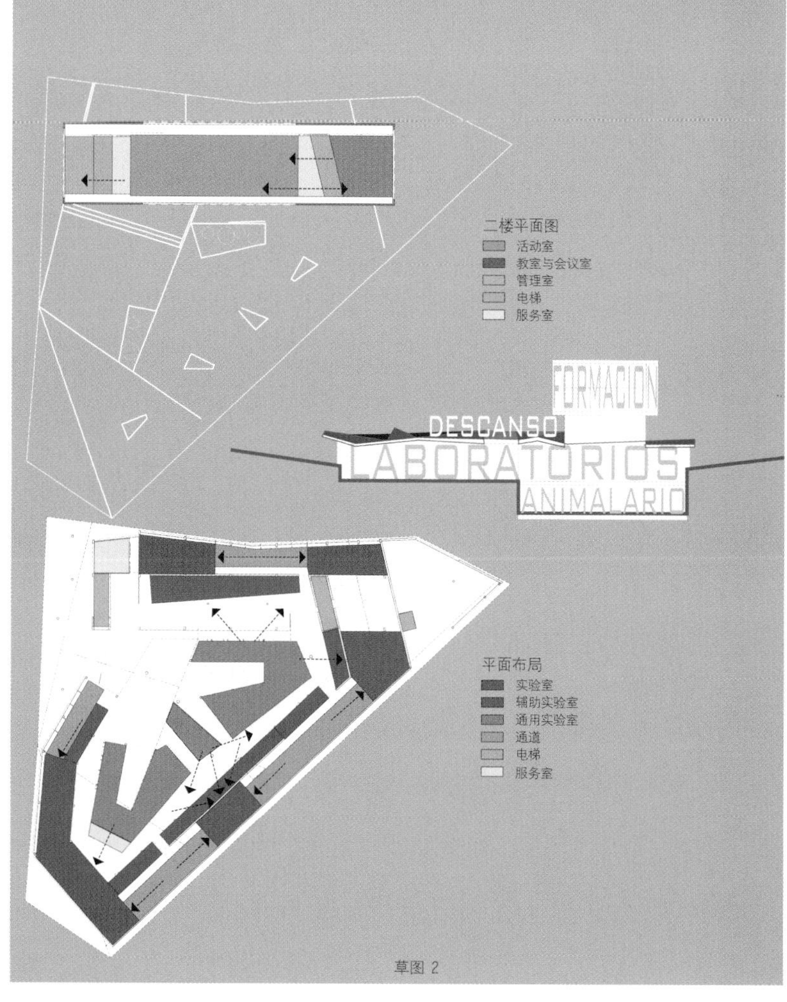

二楼平面图
活动室
教室与会议室
管理室
电梯
服务室
FORMACION
DESCANSO
LABORATORIOS
ANIMALARIO
平面布局
实验室
辅助实验室
通用实验室
通道
电梯
服务室

草图 2

CYL

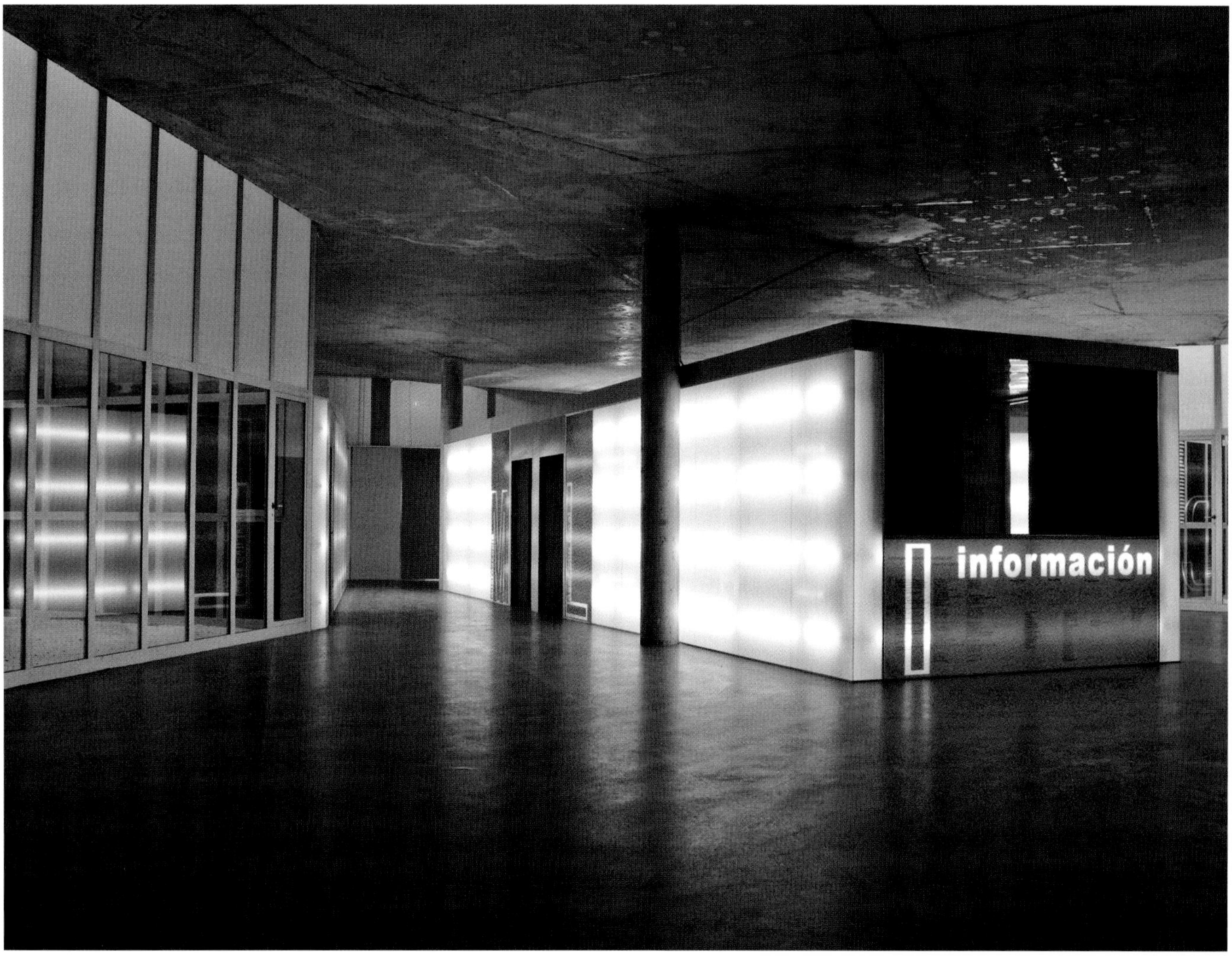
información

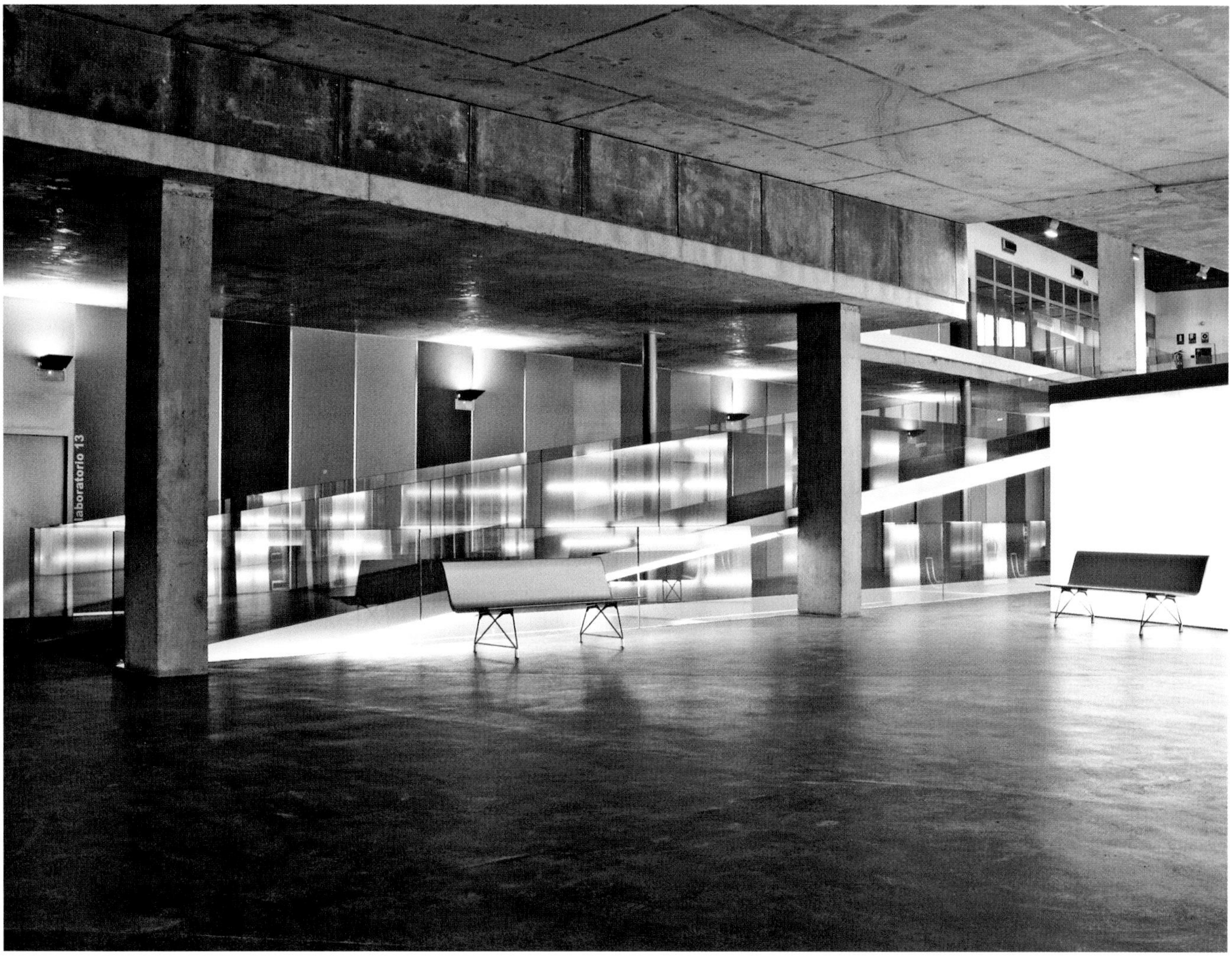
laboratorio 13

中央大厦

设计单位：Diederendirrix Architects
建 筑 师：保罗·迪耶德伦
竣工时间：2007年
项目地点：荷兰埃因霍温市
楼面面积：2 300 m²
摄 影 师：亚瑟·巴根

靠近埃因霍温中央地带的公共地下车库上方建有16栋联排别墅和18间公寓，从每个方向看都会发现它们不同的特色。公寓位于道梅尔公园内的圆柱形高层建筑内。一排排结构紧凑、带庭院的联排别墅位于重新规划的兹温巴德维格区的一侧，可将公园式的周围环境一览无余。建筑物底层用做卧室，二楼是厨房，三楼为起居区和露台。中央地带可以提供两者兼得的生活方式：生活在城市里同时又与喧闹的城市生活保持一定的距离。内院式别墅采用封闭的临街结构，保证了家庭隐私；高层建筑则背对城市，完全向公园绿地开放。

中央大厦使人们能够在享受现代化城市生活的同时远离城市的喧嚣。这一点不仅体现在内院式别墅的封闭式外立面上，它能够有效保护居住者的隐私，还体现在大厦的朝向上，大厦背靠喧嚣的城市环境而面向安静的公园环境。

总平面图

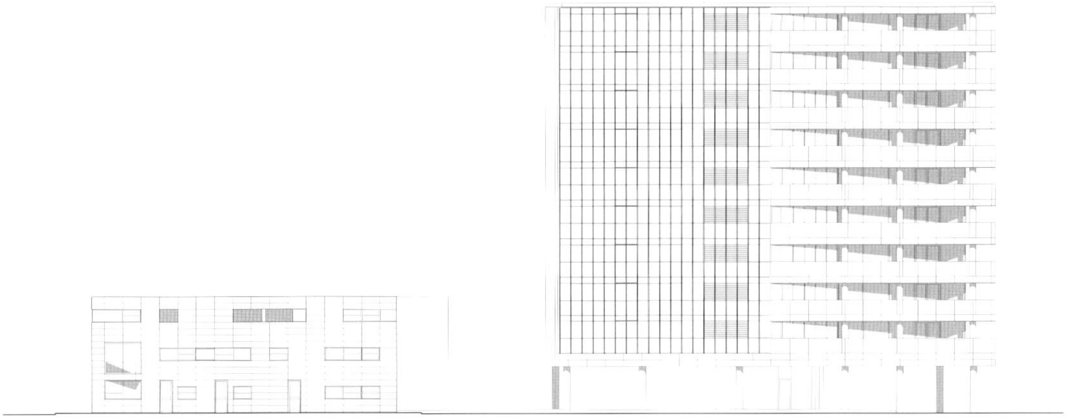

西南立面图

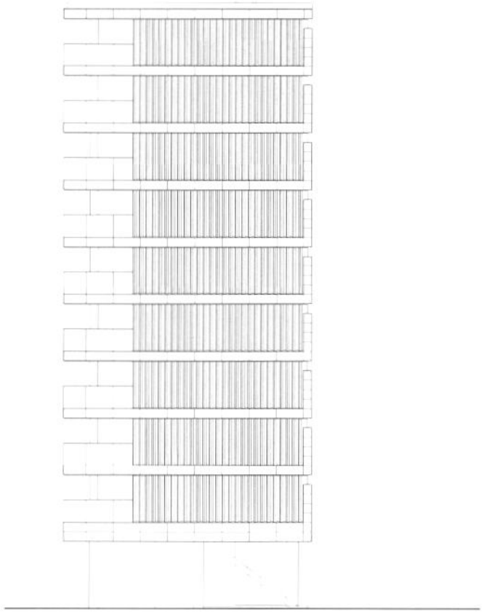

东南立面图

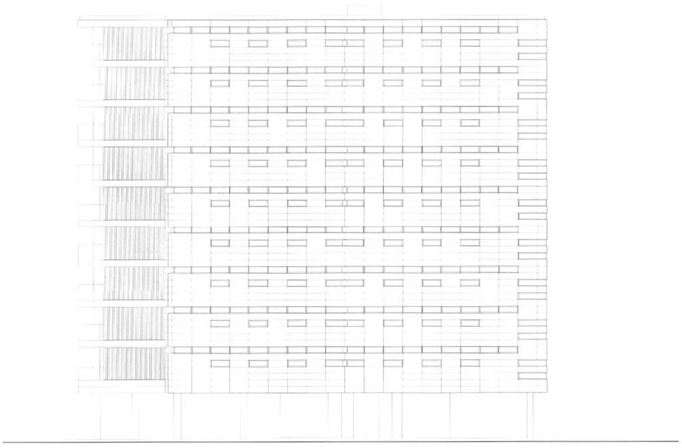

东北立面图

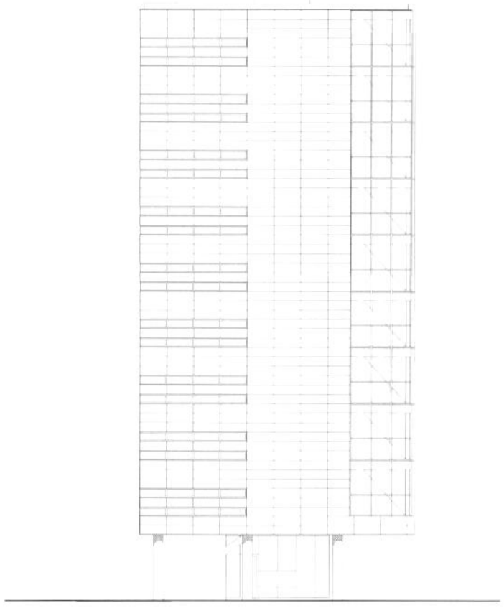

西北立面图

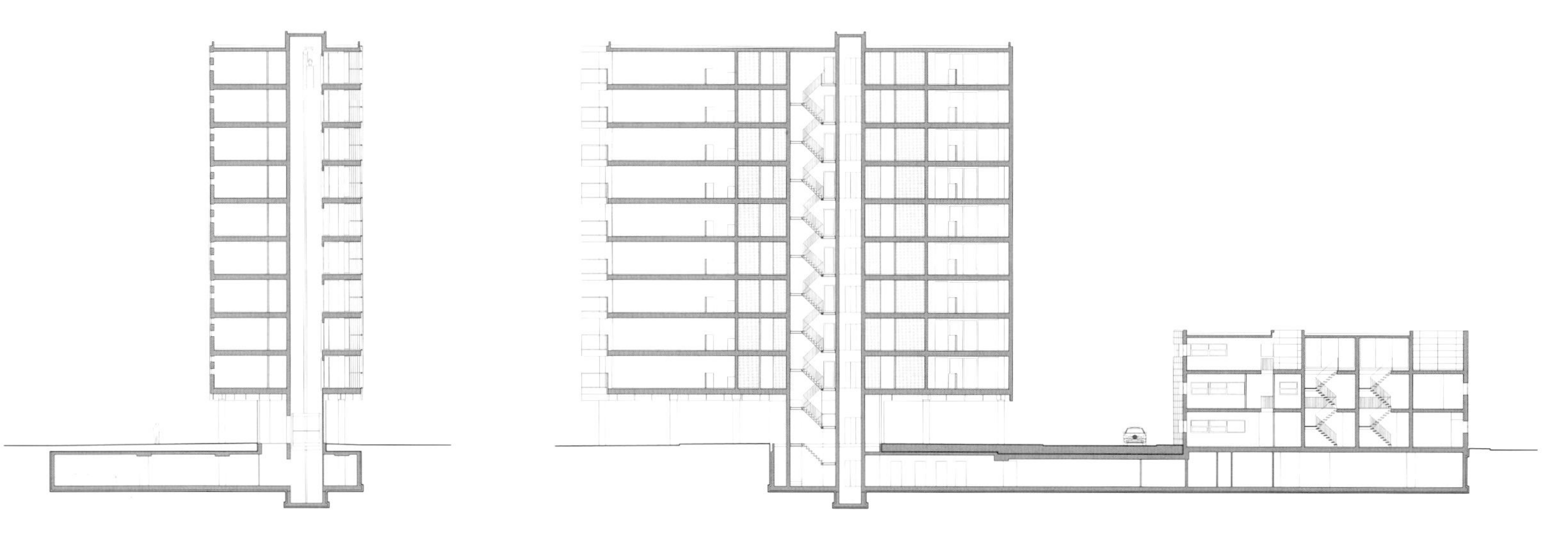

剖面图 1

剖面图 2

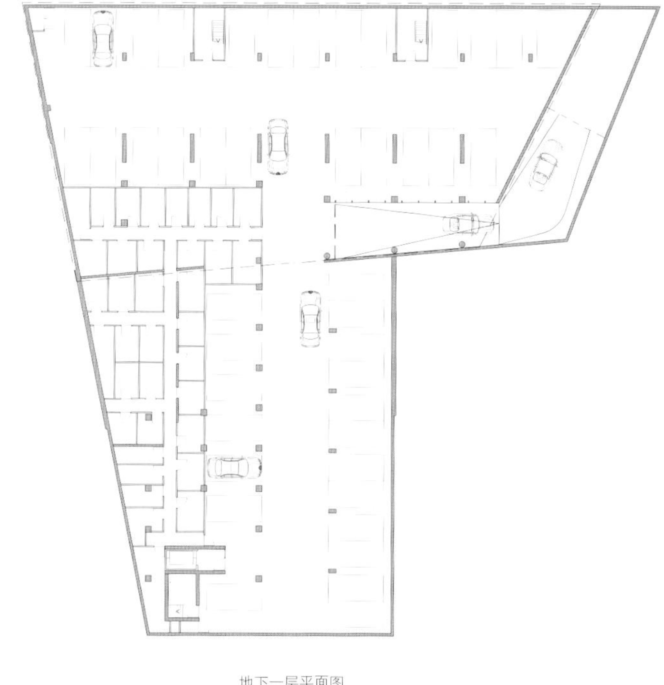

地下一层平面图

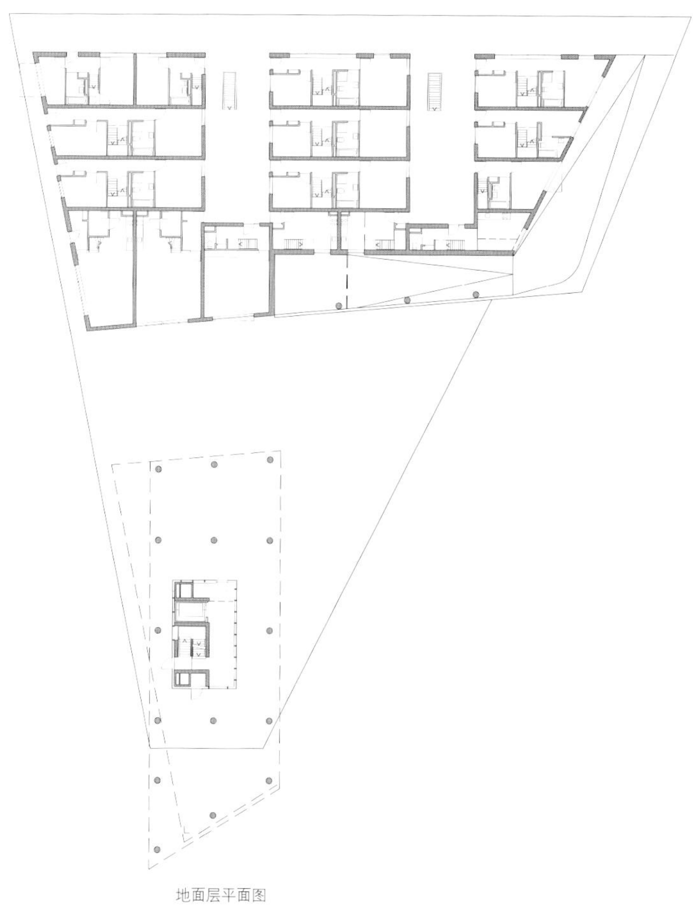

地面层平面图

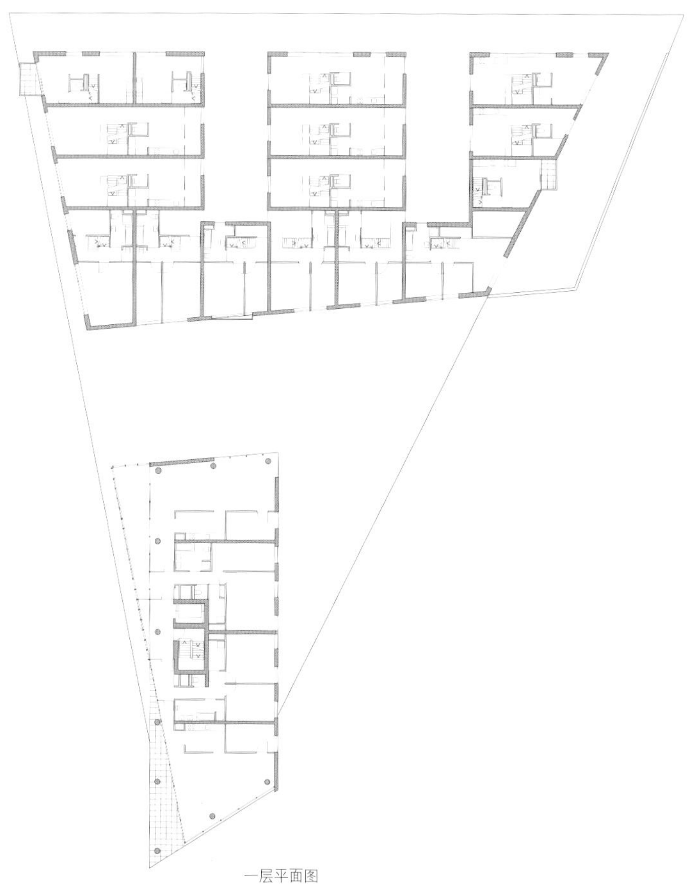

一层平面图

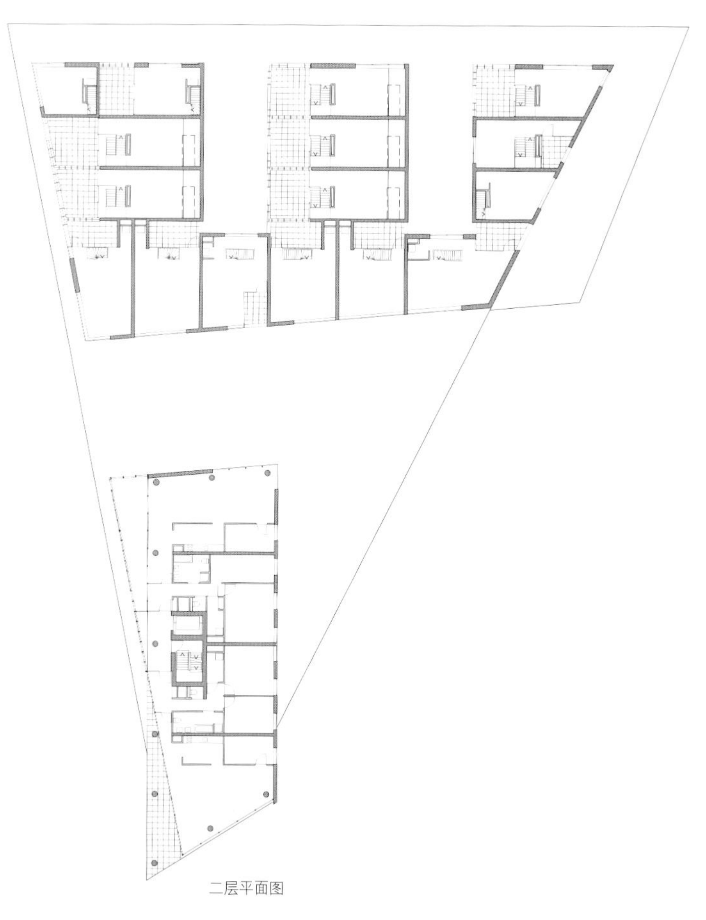

二层平面图

比伦德机场停车场大楼

设计单位：C. F. M・ller Architects
项目时间：2001—2002年（一期）、2003—2005年（二期）
项目地点：丹麦比伦德市
项目面积：19 000 m²（一期）、18 000 m²（二期）
摄 影 师：尤利安・维耶尔

比伦德机场停车场大楼由537个停车位（将来停车位数量将增加一倍）、行政办公室、保安部及设备间组成。此外，该综合体还拥有一个四层高的机场行政楼（包括地下室）。

该停车场大楼最上面两层的外立面设有铝材制成的垂直天窗，其木质外缘由落叶松木和孪叶苏木制成。天窗的外观随观察者的位置和观察时间的变化而变化。从大楼的外立面看去，大楼似乎是一个密闭的卷筒；从大楼里面看，大楼的结构呈开放式，特别是在晚上，楼体很透明。白天的时候，正交安装的天窗的外观随着太阳照射角度而变化。

除了木质边缘的自然变化外，外立面的总体表现充满动态感， 为人们带来波动的视觉感受。与此同时，天窗结构既能确保自然通风，又能提供控制火灾所需的空间。 地上一层的嵌入式外立面由预制混凝土面板组成，面板上带有竖向槽花纹，与上面天窗的花纹形成呼应。

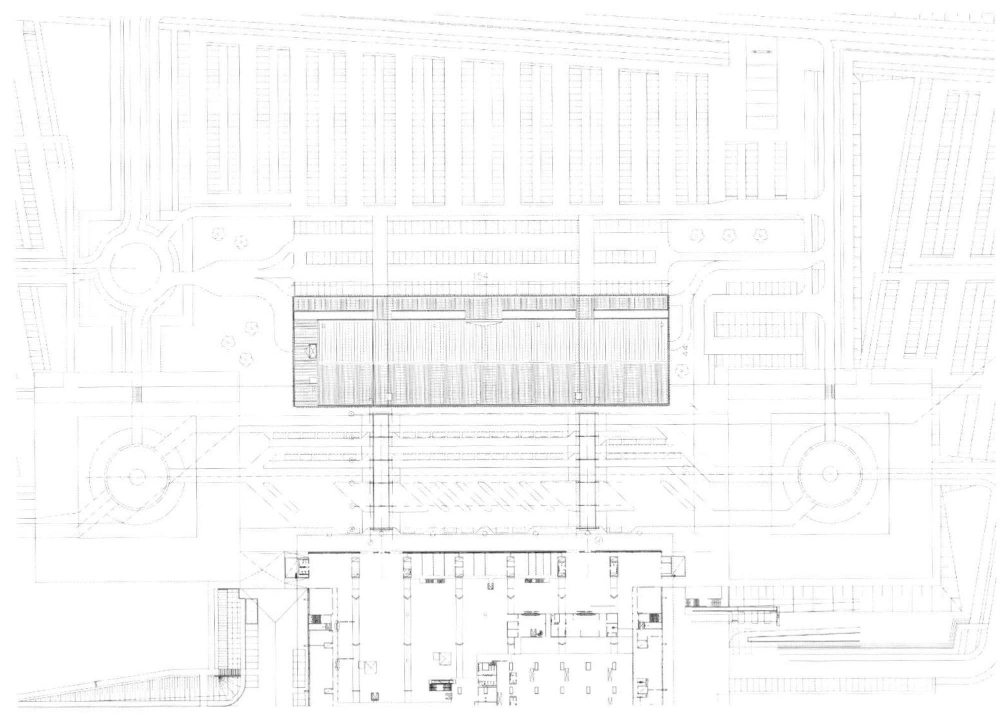

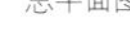

总平面图

Ankomster Arrivals

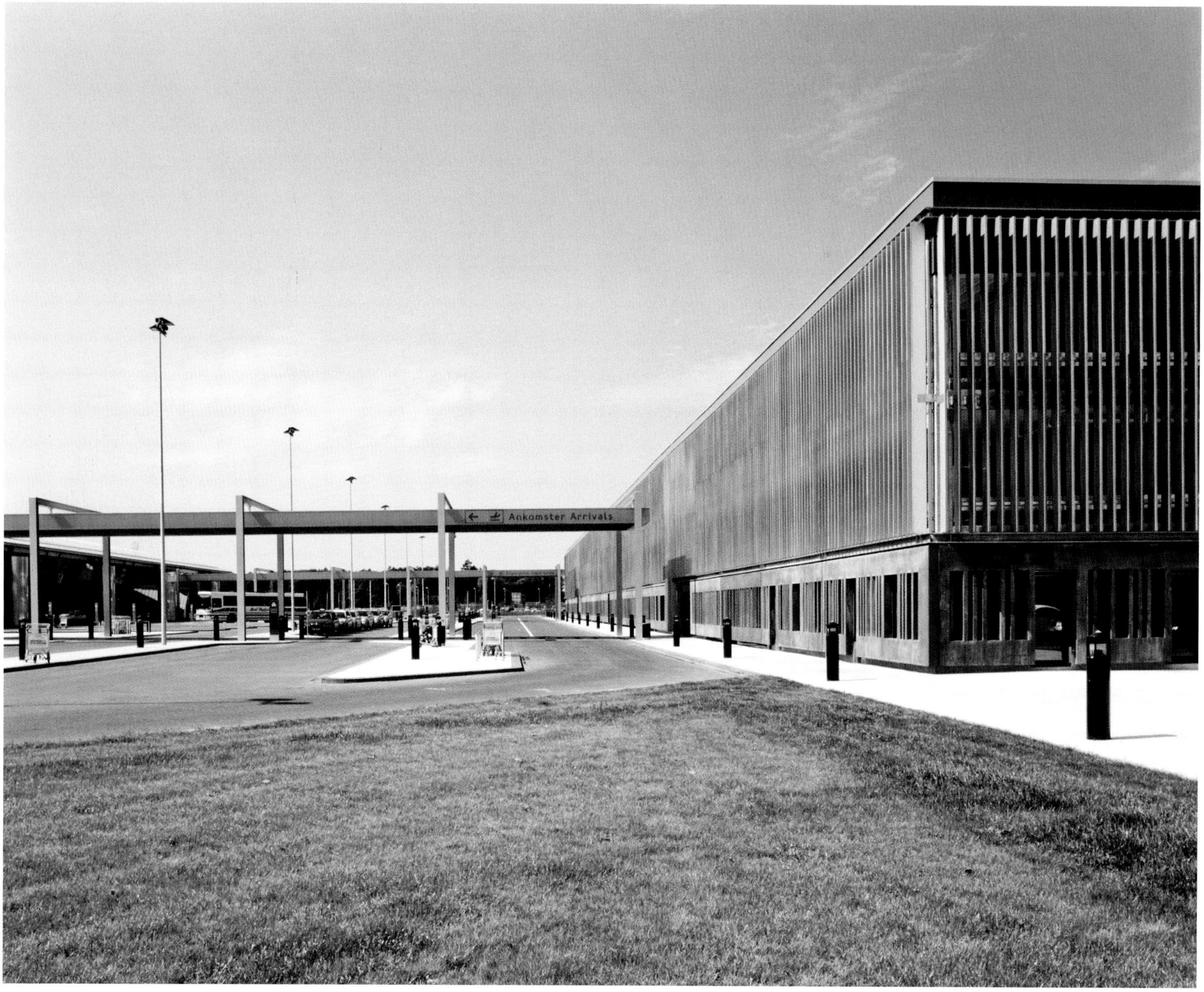

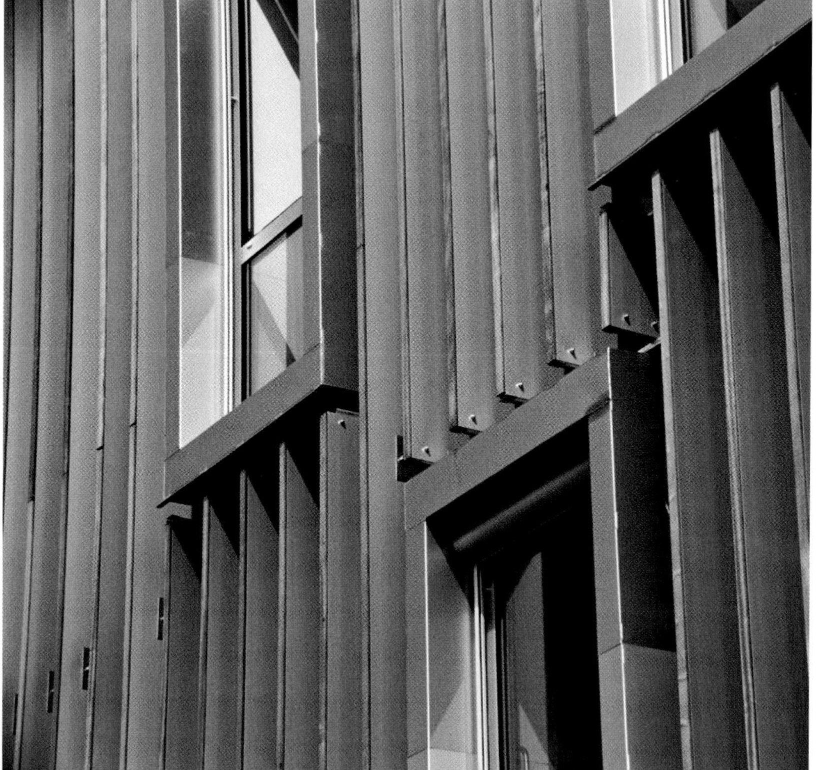

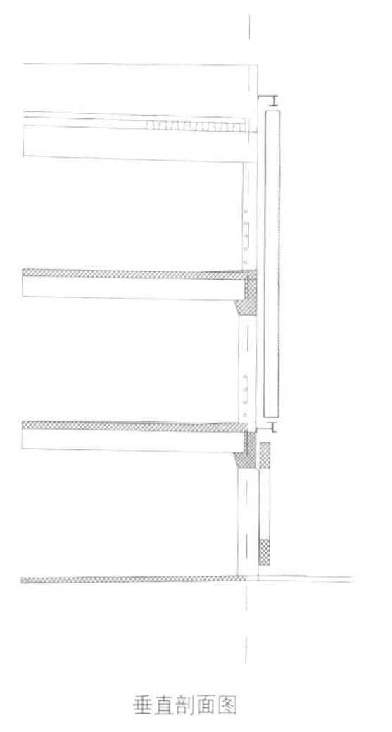

垂直剖面图

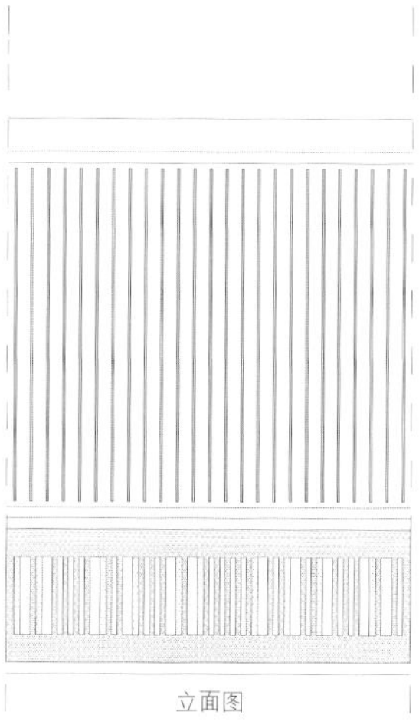

立面图

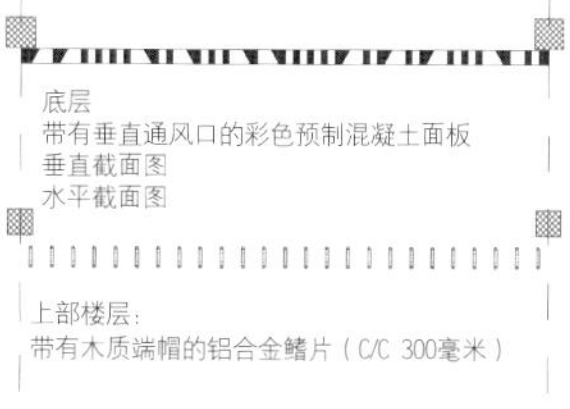

底层
带有垂直通风口的彩色预制混凝土面板
垂直截面图
水平截面图
上部楼层:
带有木质端帽的铝合金鳍片（C/C 300毫米）

水平剖面图

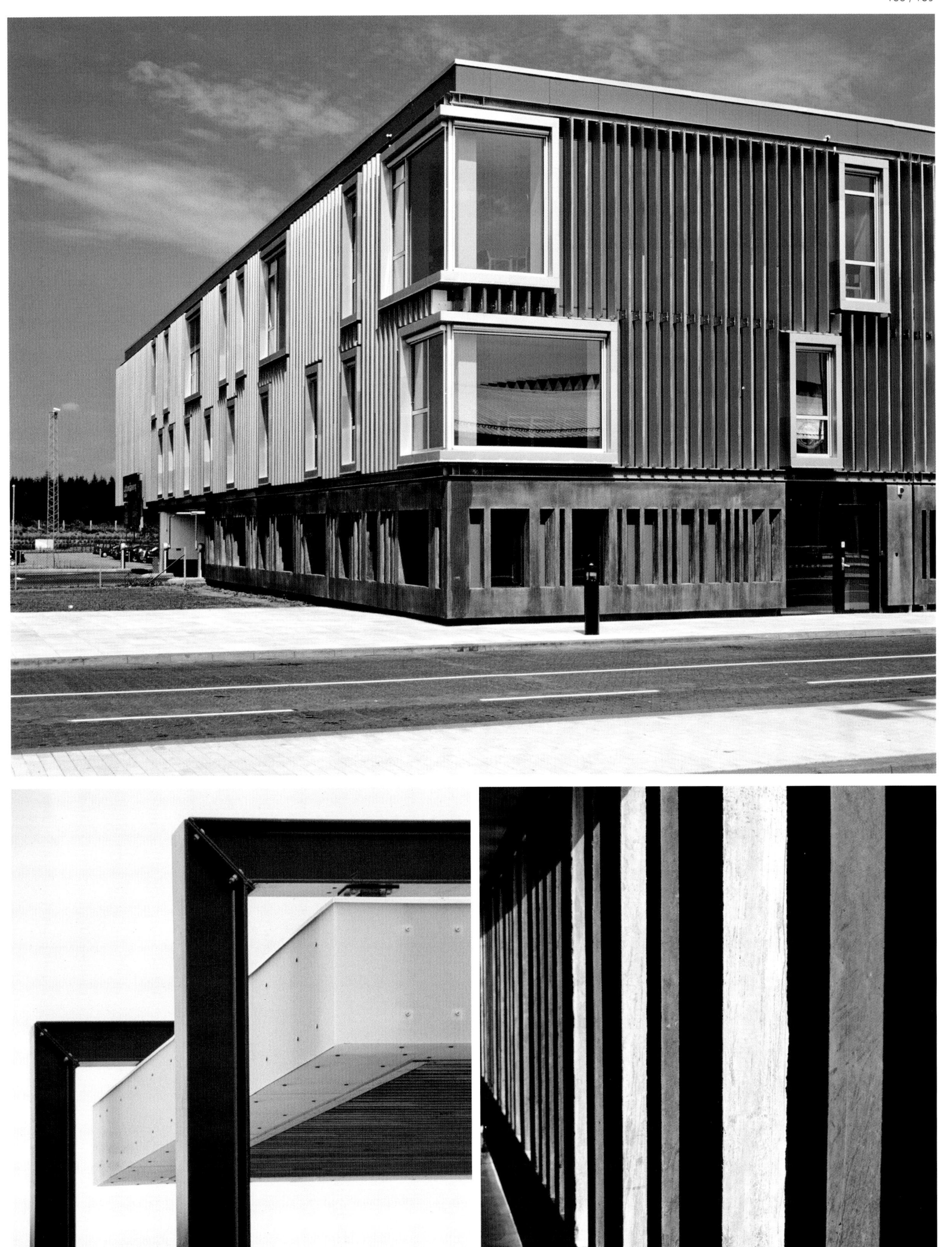

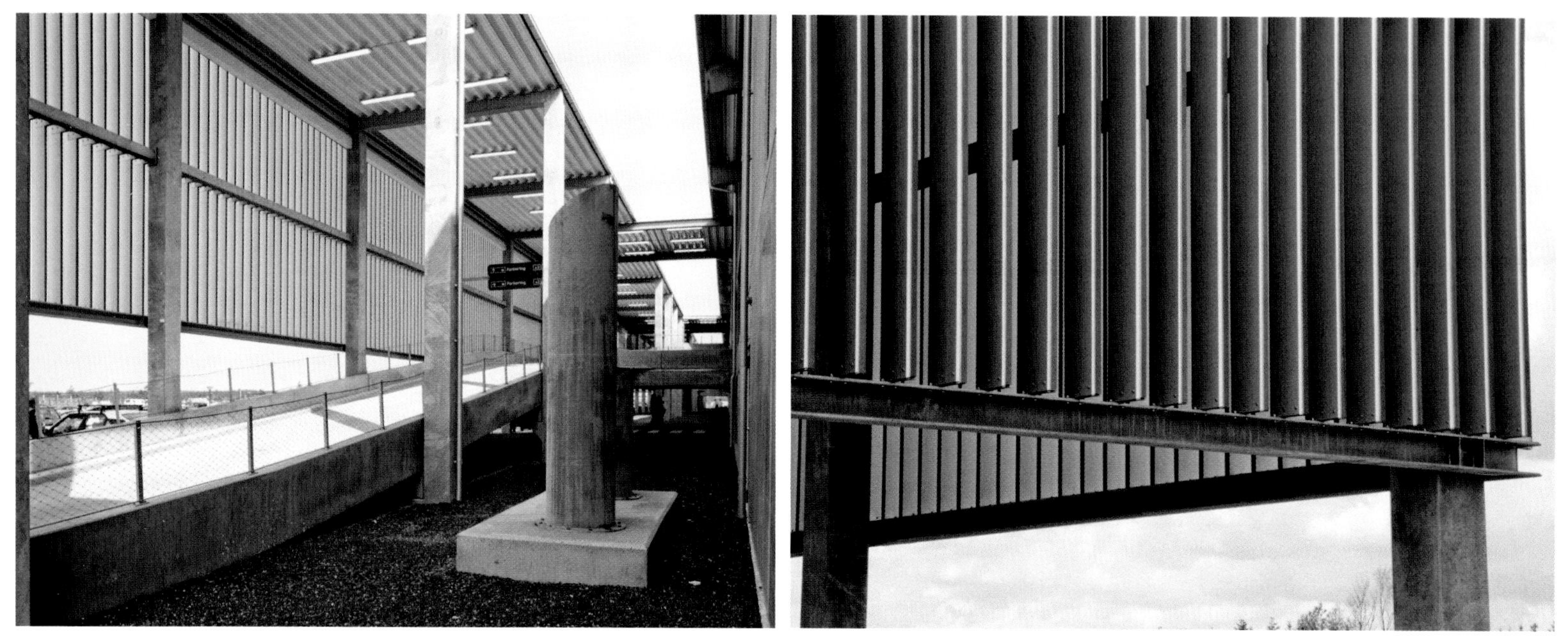

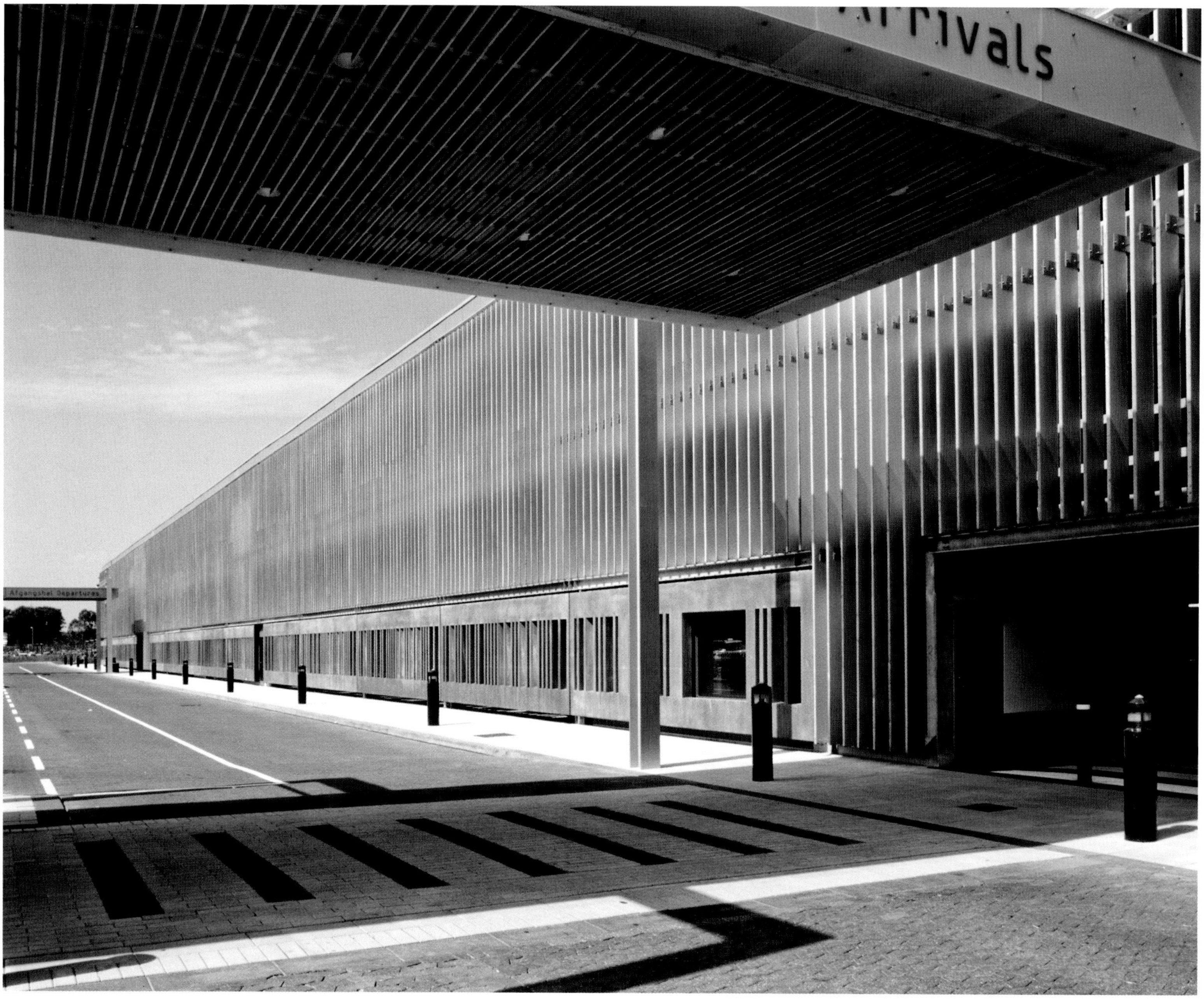
Arrivals
Afgangshal Departures

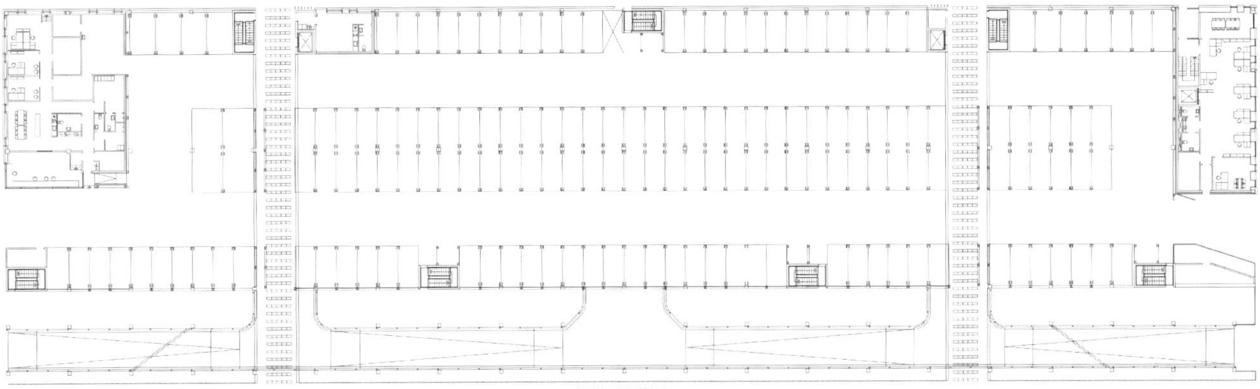

地面层平面图

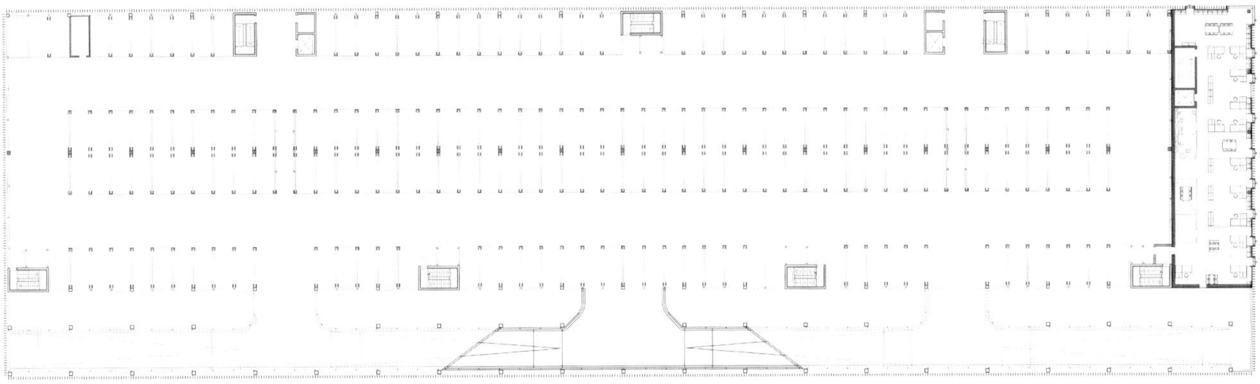

一层平面图

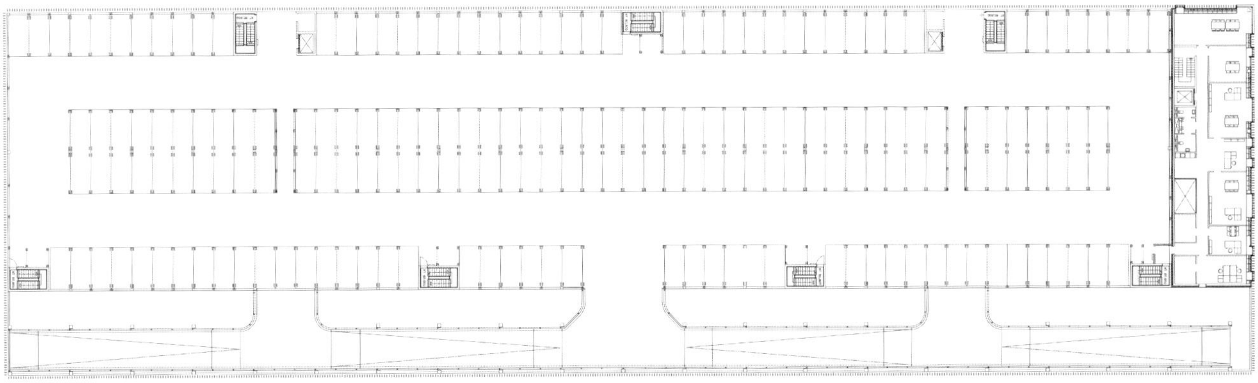

二层平面图

奥地利钢铁联合公司财务部与商务部大楼

设计单位：迪耶特马·菲茨丁格建筑师事务所
竣工时间：2009年
项目地点：奥地利林茨市
项目面积：36 700 m^2
摄 影 师：乔·菲茨丁格、约瑟夫·鲍茨、芭芭拉·菲茨丁格·菲尔贝尔

位于奥地利林茨市的奥钢联钢铁公司在一片辽阔空地上建起了极具代表意义的新财政部与商务部大楼。继几位顶尖设计师的角逐之后，城市规划理念和所有建筑的设计都由定居国外的奥地利最著名的建筑设计师来执行。

奥地利钢铁联合公司不仅在林茨市这片工业区域内远近闻名，而且在上奥地利州也拥有不小的名声。国内外对林茨市的认识都与这个钢铁公司密切相关，该公司是以赫尔曼戈林的名字创建的，如今已经发展成为国际知名企业。

幸运的是，这种看法使奥地利钢铁联合公司（简称“奥钢联”）充满了责任意识，不仅在改善林茨市空气质量方面作出了很大贡献，而且这个宏伟的财政部和商务部大楼也充分展示了林茨市的工业实力。事实上，“奥钢联”包含许多高品质的建筑细节：动态弯曲体量设计、前端削去一角的独特设计、用金银丝细工饰品装饰以及可调节的金色建筑立面，就是最粗心的司机驶过也会对其留下深刻印象。

该设计方案在最低的成本投入条件下取得了最佳的设计效果，迪耶特马·菲茨丁格建筑师事务所作为大赛冠军脱颖而出，此次竞赛的参赛者和评委都是顶尖的专业人士。

该设计方案在各方面都表现出独特的建筑品质，成功地征服了大赛评委。卷曲的建筑体量描绘出在公司总部BG41大楼北侧被称为“非核心地带”的一片荒地的轮廓，以创造出开阔而又界定清晰、一直延伸至南侧游客中心的开放区域。同时成功地将三个不同的建筑相互结合在一起，以创造出具有代表意义的整体效果。根据巴黎H.Y.L景观设计单位（另外一个邀请赛的冠军）的设计方案进行改造的公园，有望成为全市景色最壮观的公园之一。虽然该公园是两层结构，但这并没有降低其建筑品质，而且其垂直交错的造型设计进一步增强了公园上下楼层间的空间魅力。

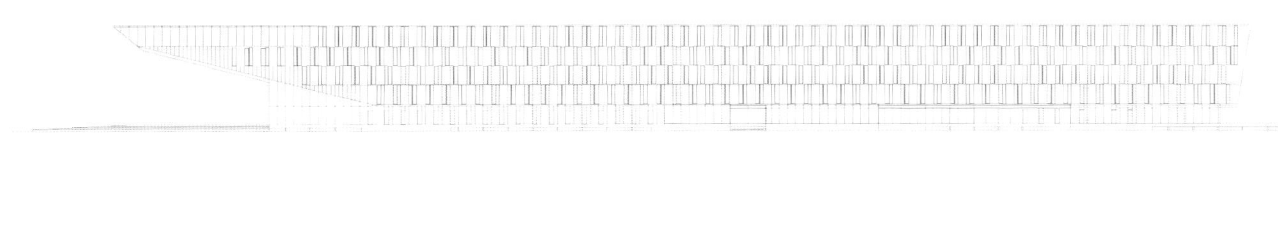

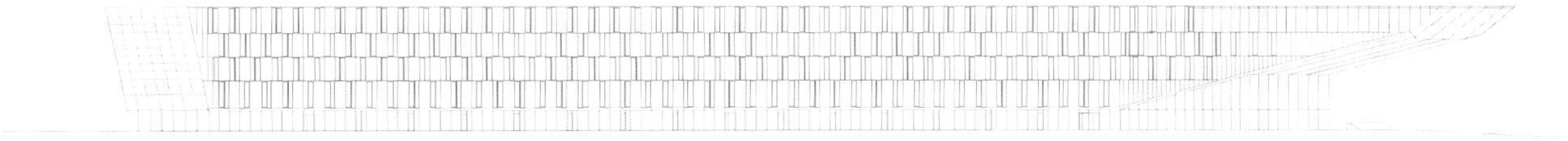

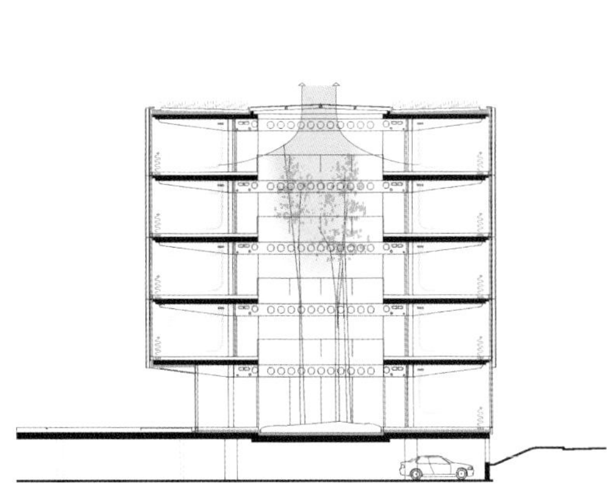

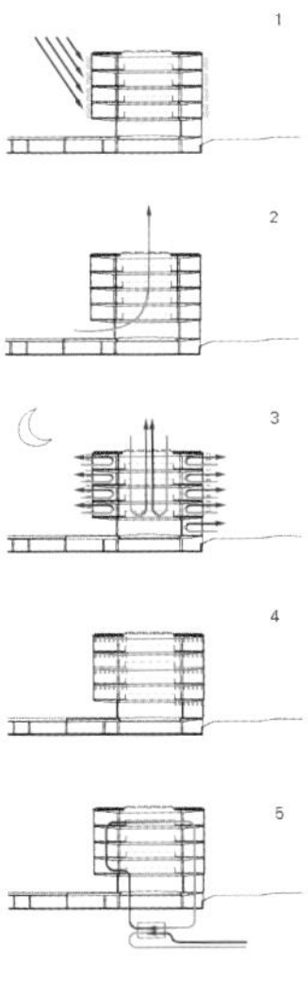

细部图

1. 遮阳装置
2. 交叉通风
3. 夜晚通风降温
4. 通过裸露混凝土天花板使太阳能吸收最大化
5. 产业化经营剩余热量

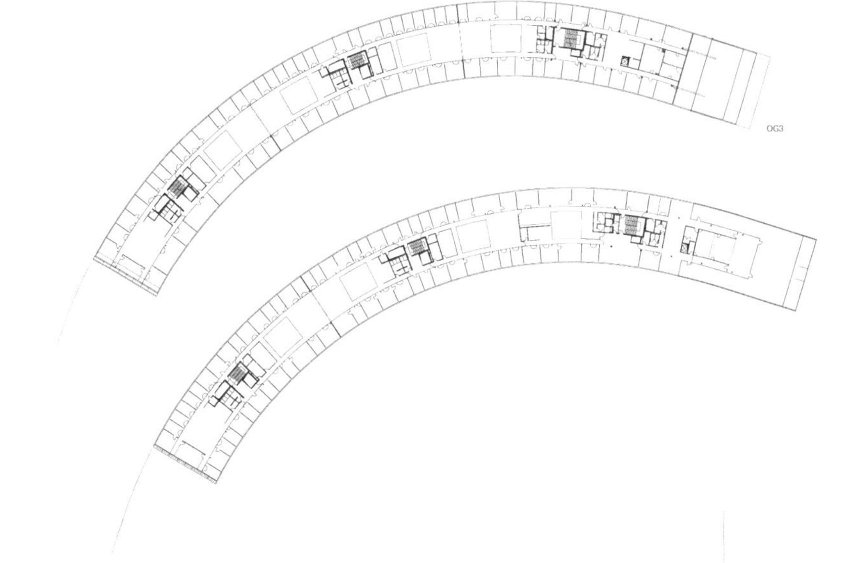

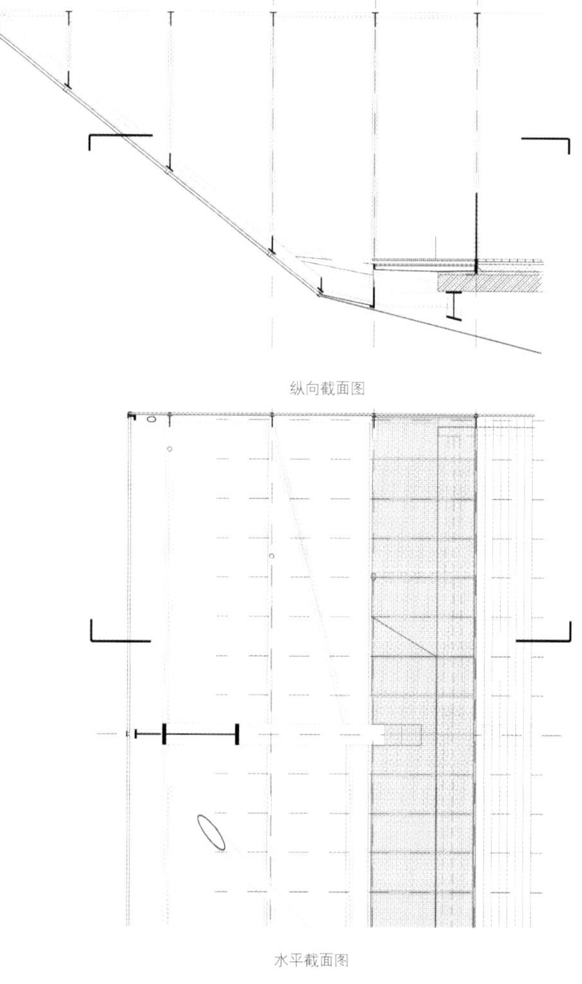

纵向截面图

水平截面图

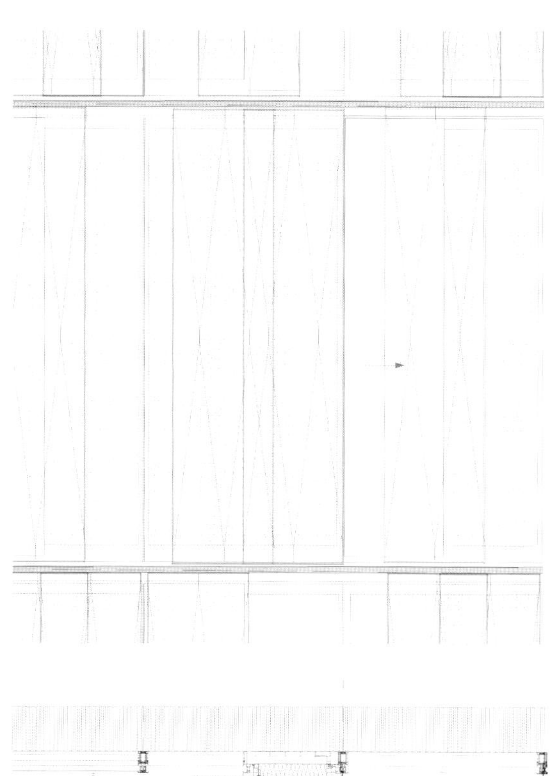

1. 粉末喷涂防坠落扁钢，颜色Ral 7036
2. 金属扁钢结构上的遮阳滑动装置
3. 粉末喷涂金属黄色遮阳装置
4. 落地窗固定玻璃幕墙
5. 防眩设计
6. 粉末喷涂对开滑动双层窗户，颜色Ral 7036

达拉谟联合法院

设计单位：WZMH建筑师事务所
项目时间：2010年
项目地点：加拿大安大略省
项目面积：41 957 m²
摄 影 师：沙伊·吉尔摄影工作室

达拉谟联合法院于2010年1月建成，其设计采用丰富的拱肩图案、透明玻璃外墙和合理的建筑体量，为完善奥沙瓦商业中心的城市布局做出了重要贡献。该建筑采用大胆、现代化的建筑语言，强调其对用户和过往行人的透明度和开放性。

法院广场是一个大型的户外公共空间，位于建筑入口的前方。广场上主入口门厅的规模展示了法院应有的庄严。

这个六层建筑共40 000平方米，包括33个法庭以及其他配套空间与囚犯看守设施，为该省的司法工作提供了有效空间。为了实现高效的规划布局，大体积的功能空间均布置在楼上区域。

该设计方案展示了法庭标准层的新型设计理念，将法庭以“背靠背”的方式布置在一起，有效缩短了法官和其他人员的行走距离。法庭等候区域内拥有良好的自然采光和户外景色，可以使参与审判的旁听者消除一些心理压力。

历史遗迹

法院是司法系统的具体化身，此项目用现代建筑语言对其进行了重新阐释。硬朗的建筑元素成功表现了法庭的稳定性和永久性。该建筑采用高度透明的建筑立面向公众展示了其公正性，洁净的玻璃上面设有丰富的白色陶瓷马赛克。主入口的尺寸营造出一种正式感和庄严感，非常适合作为法院的正门。

周边环境

该建筑成功创造出一个宽敞的法院广场，这里可以作为建筑形式上的前院。此项目拥有400平方米的开放式景观空间，为城市打造了一个新的重要的公共区域。单一的公共入口位于广场的中央。建筑布局与街道网络平行。该项目采用退台式布局可使建筑体量与周边建筑规模相协调：一条10米高的连续街墙沿邦德大街划出了一条城市边界和步行空间，与周围较低的现有结构形成鲜明对比。位于西侧的主楼核心部分向上升起，创造出一个视觉最高点，与东侧规划中的公园隔空相望。建筑的东南角矗立着一根玻璃柱，夜晚玻璃柱将被灯光点亮，成功打造了一扇朝向奥沙瓦市中心区域开放的城市大门。

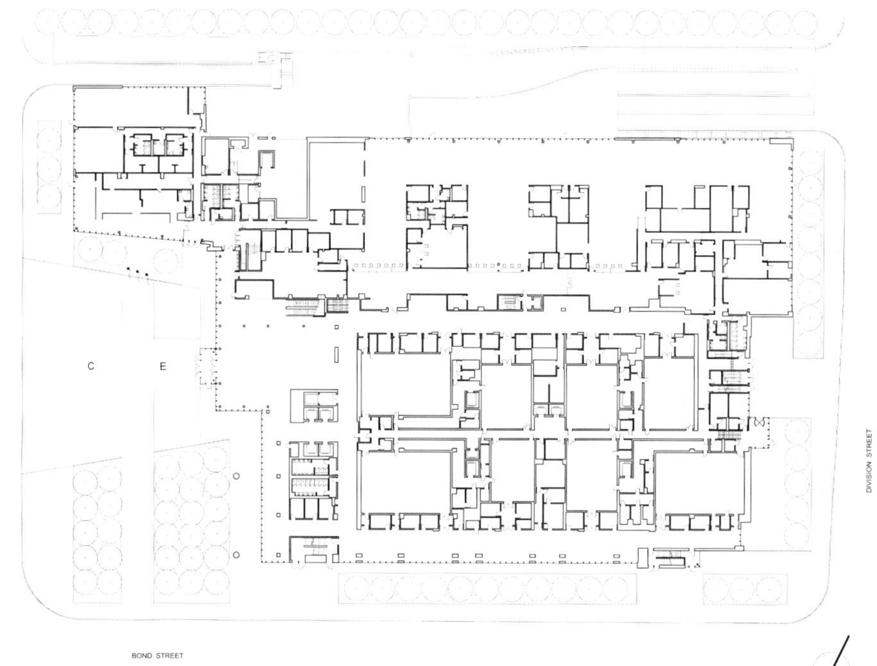
COURTHOUSE STREET
C
E
DIVISION STREET
BOND STREET

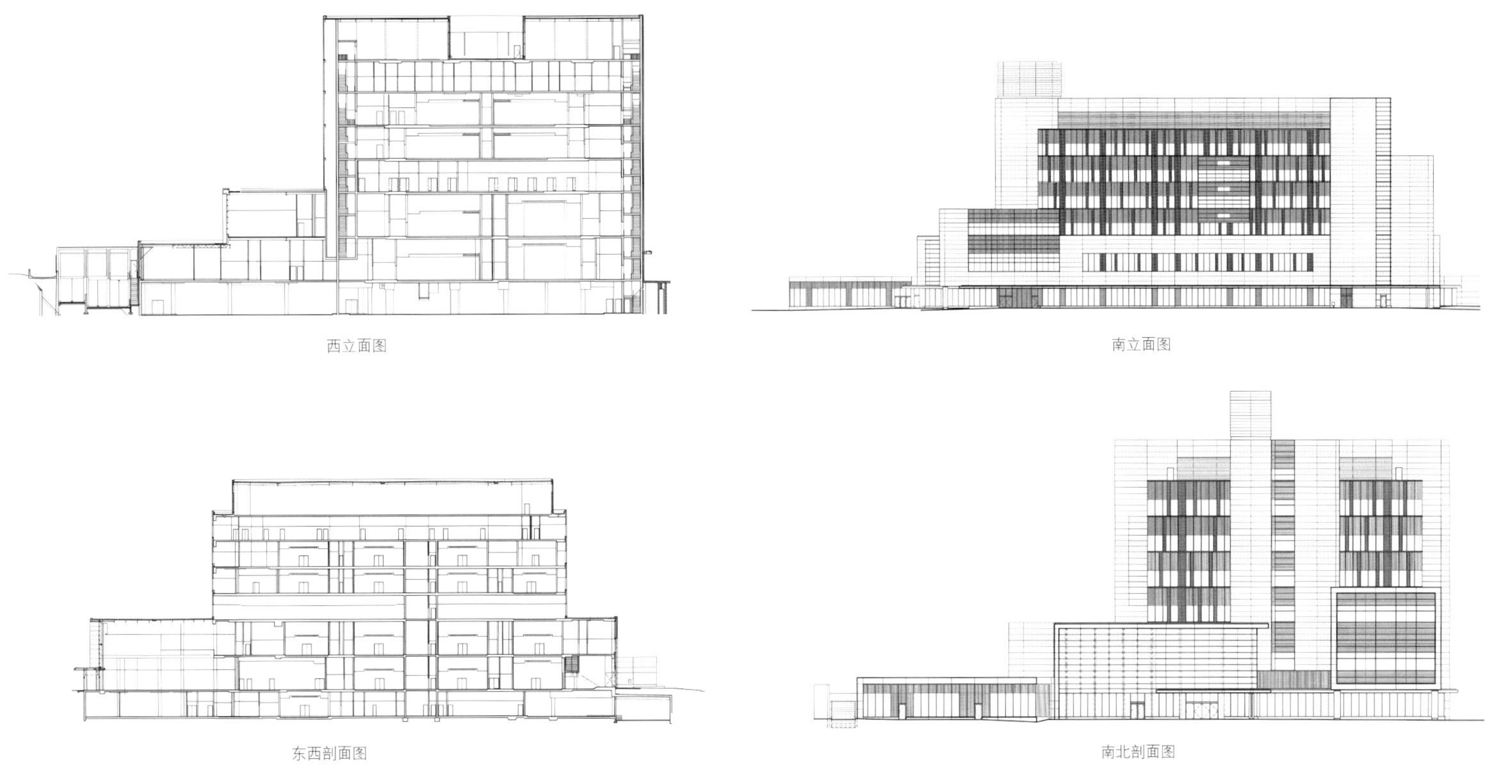

西立面图

南立面图

东西剖面图

南北剖面图

780酒业大厦改建项目

设计单位：LEMAY ASSOCIÉS Architecture Design
竣工时间：2007年
项目地点：加拿大魁北克省蒙特利尔市
项目面积：12 000 m^2
摄 影 师：克劳德·西蒙·郎卢瓦斯

780酒业大厦建成于20世纪初，是一座五层楼高的多租户型工业建筑，总楼面面积为1.2万平方米。在此项目中，这座由砖木结构组成的建筑被改建成办公大楼，其中蒙特利尔西南市政厅办公室以及其他公司的办公室都坐落于此。

这座大楼根据“绿色通道”计划表完成，其建筑结构符合最严格的可持续性发展标准，且通过LEED银奖认证。这座创新型绿色建筑拥有以下主要特点。

●重新利用了之前工业传统建筑中的结构（现有墙壁、地板及屋顶等）。

●新大楼空调和通风系统的能源效率比传统新建大楼的能源效率高出50%。

●新大楼的大型窗户可以打开，用户可以获得自然光线和自然通风。

●新大楼使用了旧大楼几乎80%的材料，包括金属板以及装饰接待处的格子形图案。

●新大楼使用了新型材料（黏合剂、涂料、地毯、复合材料、石膏）和室内陈设，它们是可循环利用的，没有毒副作用，也不产生任何挥发性有机化合物。

●该建筑位于一个地铁站和多个公共汽车站附近，配有一个带保安的自行车停车棚和更衣室，这样大楼用户就可以有多种交通方式选择。

●该大楼回收了可循环利用的材料和可分解的材料。

●高效的管道设施能够将大楼中水资源消耗减少30%。

●大楼配有不需要灌溉的景观。

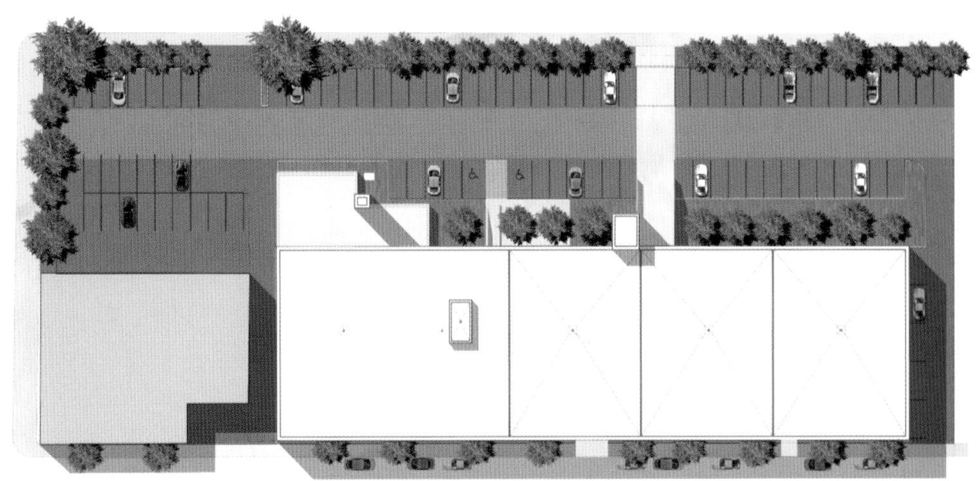

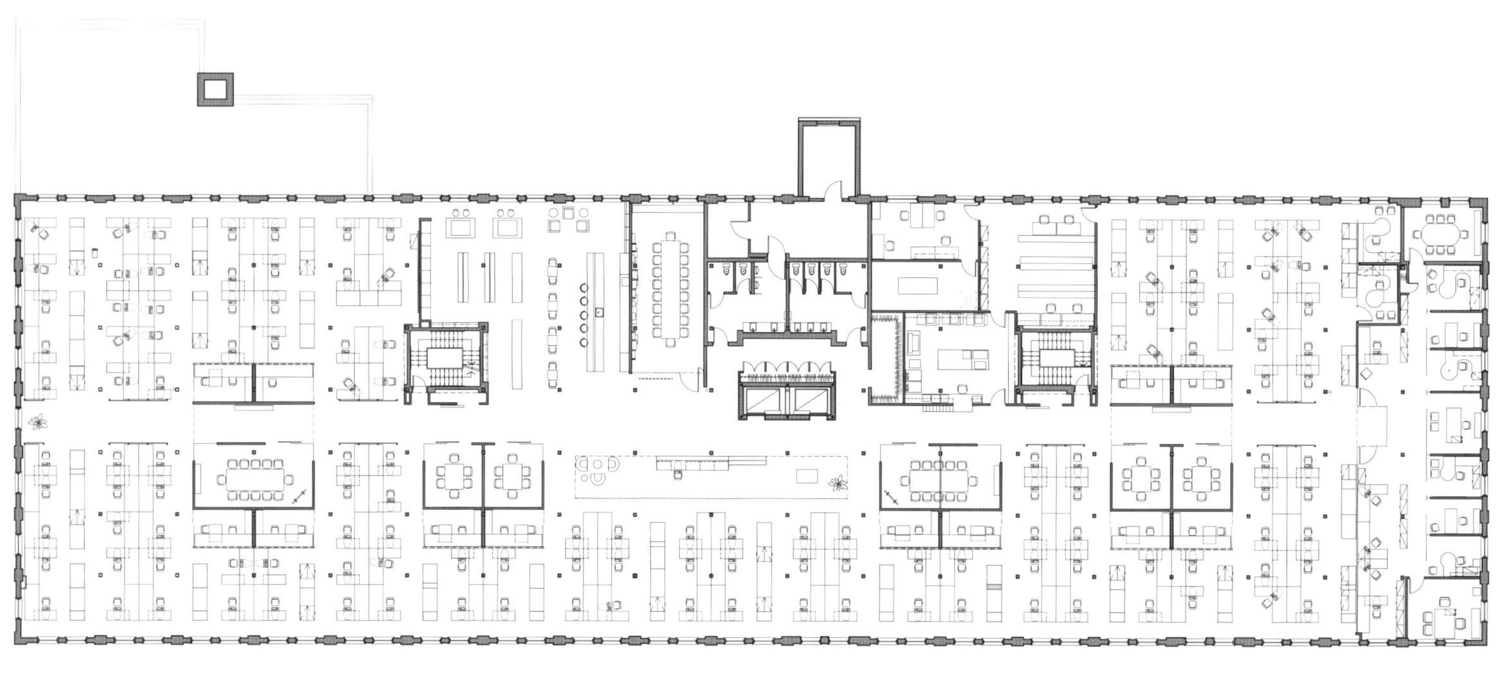
0 5' 10' 30'
0 1 2 3 6 9m.

SOUPAPE
DE
GICLEUR

布莱梅大学多功能高层大楼改扩建项目

设计单位：雷纳·海茵克·维尔斯建筑师事务所
竣工时间：2010年
项目地点：德国布来梅市
项目面积：4 200 m²
摄 影 师：乔臣·斯杜贝尔

项目概况

2005年1月，雷纳·海茵克·维尔斯建筑师事务所在一次有限竞争中赢得布莱梅大学多功能高层大楼（MZH）的改扩建项目。

城市环境

布莱梅大学成立于1971年，MZH大厦始建于1972年，由Henn建筑师事务所设计完成。如今仍可以轻易辨认出那个时代被广泛应用在老城区的建筑风格。在当时的时代精神影响下，校园中原本独立的建筑群通过二楼上的通道相互连接。

机房、收发室、维修间以及其他功能区域位于大厦一层。尽管二楼设有与空中走廊相连的宽敞主入口，但是在长达30年的时间里，布莱梅大学依然奉行短途优先原则，大厦的入口位置一直位于地下一层。

城市规划和新发展

如今，与大厦二楼相连的空中走廊已经被拆除了。大厦共有三个入口，分别为位于西侧的图书馆街入口、位于东侧的恩瑞克·施密特街入口以及原有的地质学院楼入口。

一层和二层向西侧扩建出一个长52米、高10米的玻璃建筑，采用了被拆除的空中走廊的外观样式，从而形成了一个入口区的独立底座，同时也可作为一个公共区域单独使用。

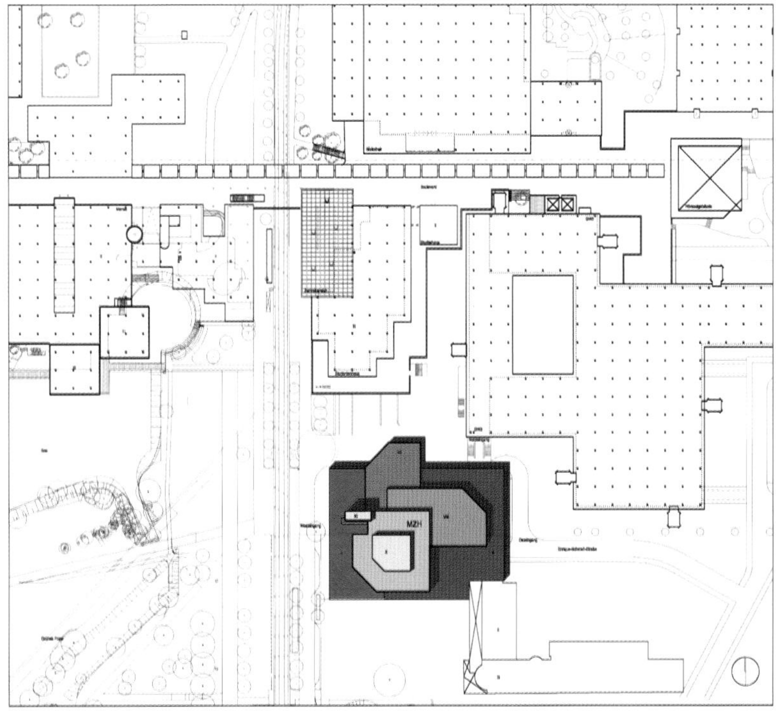

总平面图

LIBERTÉ
EGALITÉ

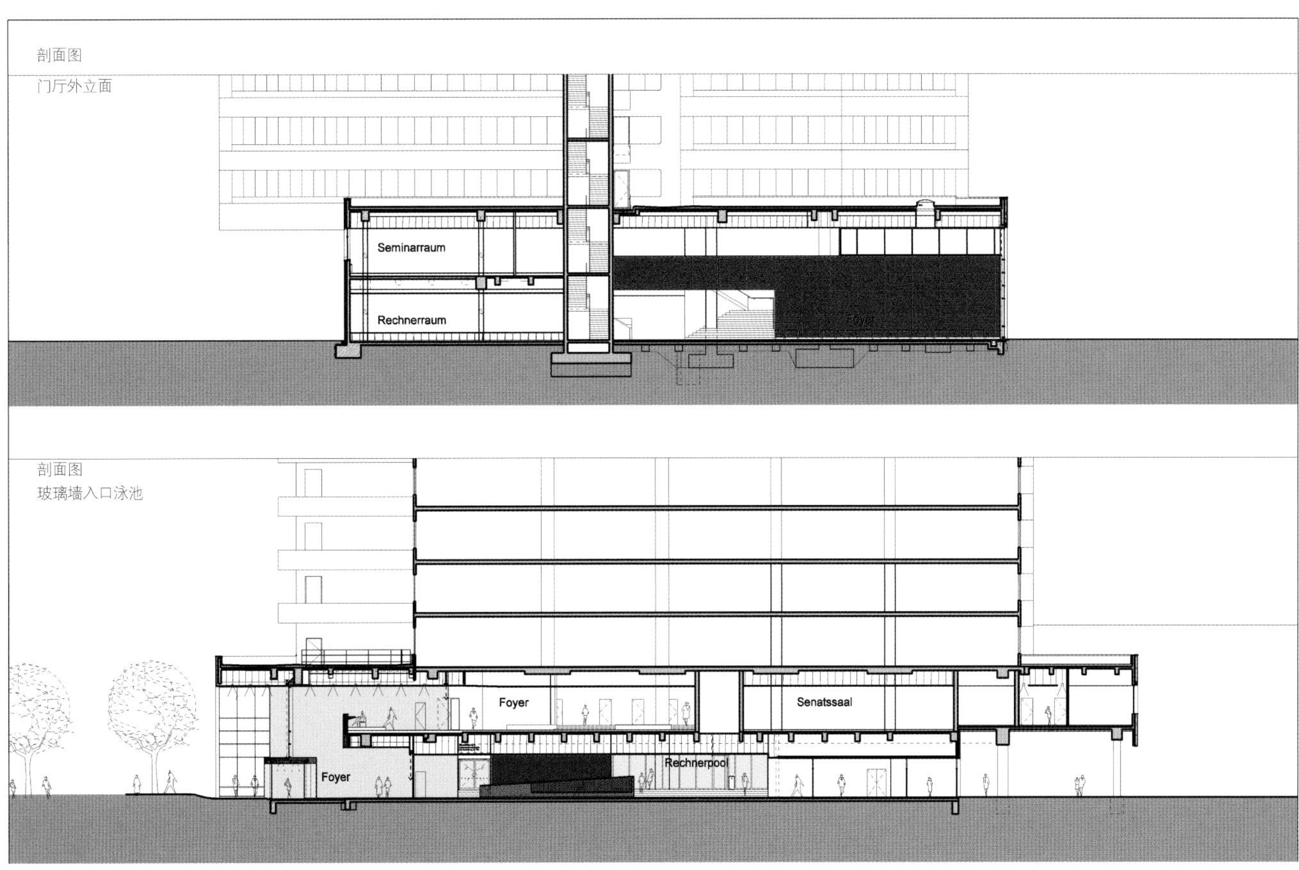
剖面图
门厅外立面
Seminarraum
Rechnerraum
Foyer
剖面图
玻璃墙入口泳池
Foyer
Senatssaal
Foyer
Rechnerpool

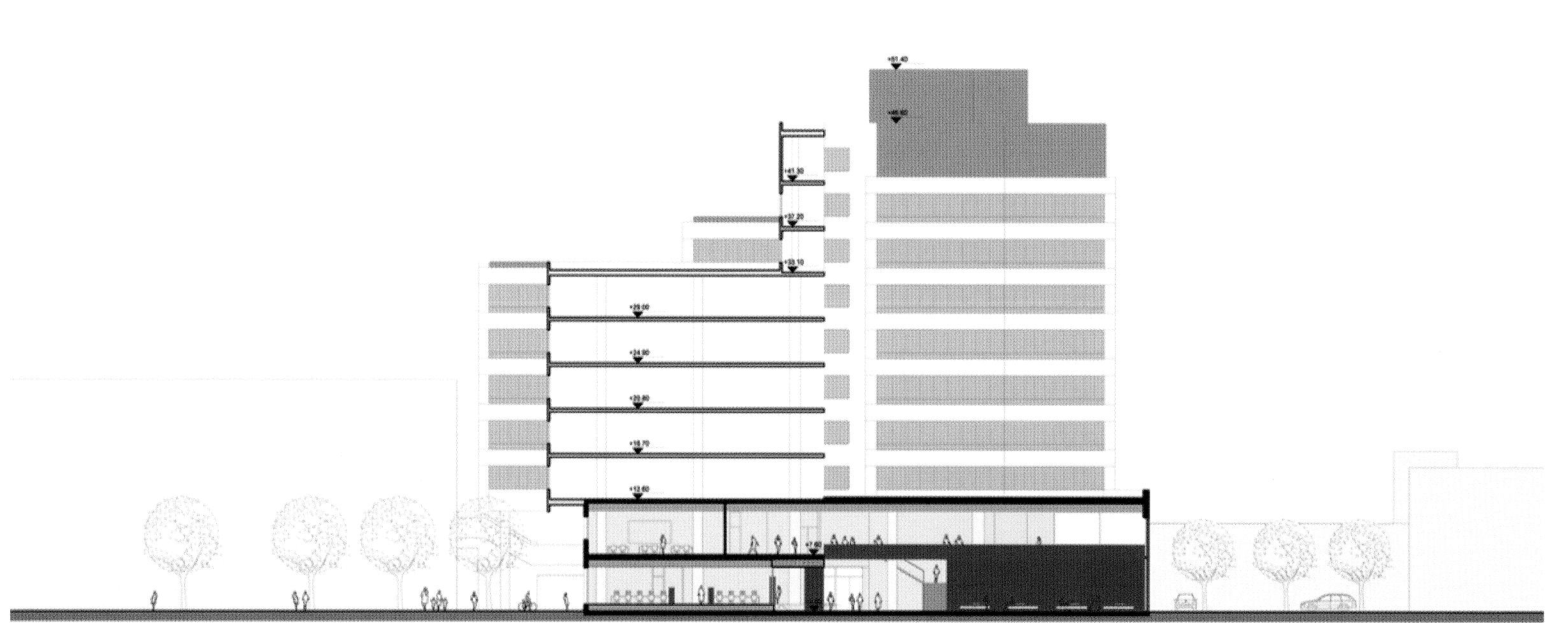

剖面图

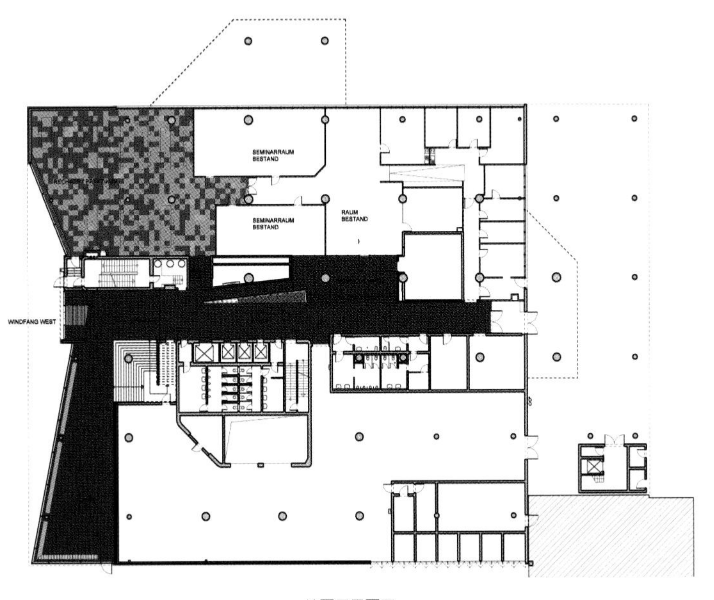

地面层平面图

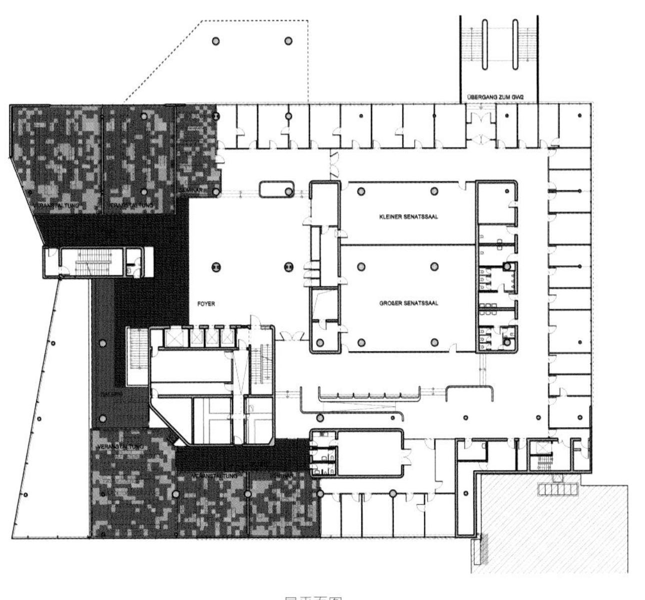

一层平面图

先锋报办公大楼

设计单位：Gonzalo Mardones Viviani
竣工时间：2008年
项目地点：智利圣地亚哥市
占地面积：4 631.74 m²
建筑面积：7 100 m²
摄 影 师：古伊·温博纳

该项目的目标在于使建筑向拐角处（区域内最大的公共空间）开放。通过在建筑中间打开一大的开口，使建筑对外开放。这个开口既是大楼的入口，也是光线进入大楼中心的通道。这样一来，大楼的中心部分总是充满自然光线，可以在很大程度上减少能量消耗。自然光线导光管在博尔赫斯迷宫式的大楼内循环，迷宫式设计是该大楼的建筑特色。

内部办公空间和流通空间点缀着大楼，形成一系列相互连接的空间，并使大楼呈现出空间多样性。大楼的建筑空间通过功能性多层空间行列加强。除了在第五个外立面（勒·柯布西耶发明的术语）处屋顶的使用外，大楼的地下室中设有天井，这样能够将自然光线引入地下室。我们将这个“天井”定义为“第六个外立面”，主要针对的是天空。垂直光线使得利用可持续型地下通风和光线成为可能。“第七个外立面”的概念包括使用建筑术语内的介质概念，将各处的封闭式框架元素移除。白色的“先锋报办公大楼”选择使用单一材料和单一颜色。在这个案例

中，我们觉得有必要在办公大楼及厂房大楼的里里外外都使用白色。白色可以增强光照效果，使墙壁和天花板具有活力。这座大楼包裹在一层白色钢制外立面、墙壁和屋顶中间。

自然光线是大楼使用的最重要的材料，因为光线能够塑造建筑空间。在大楼的垂直和水平方向上都使用自然光线，可以保证大楼背部所有场地，包括流通空间，都有至少10小时的自然照明。

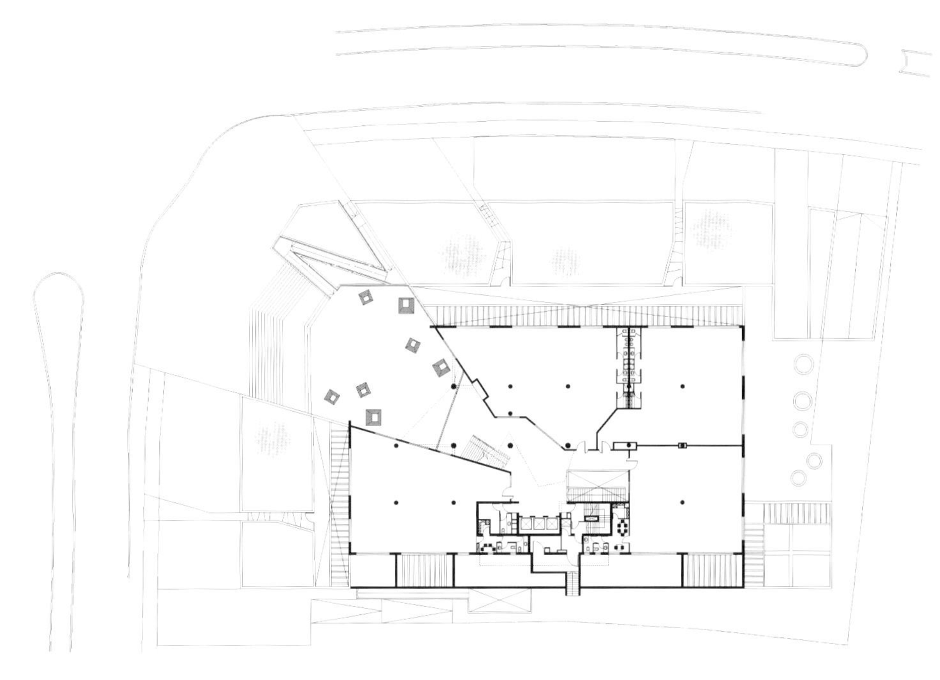

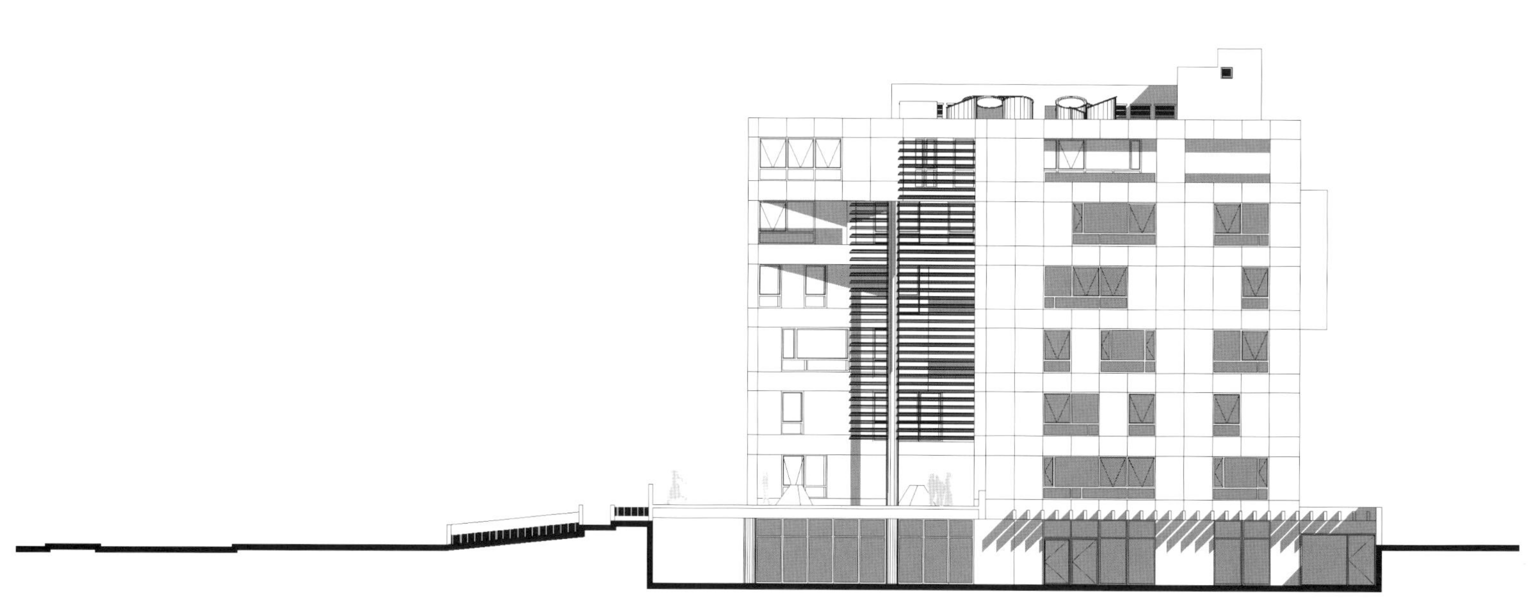

立面图

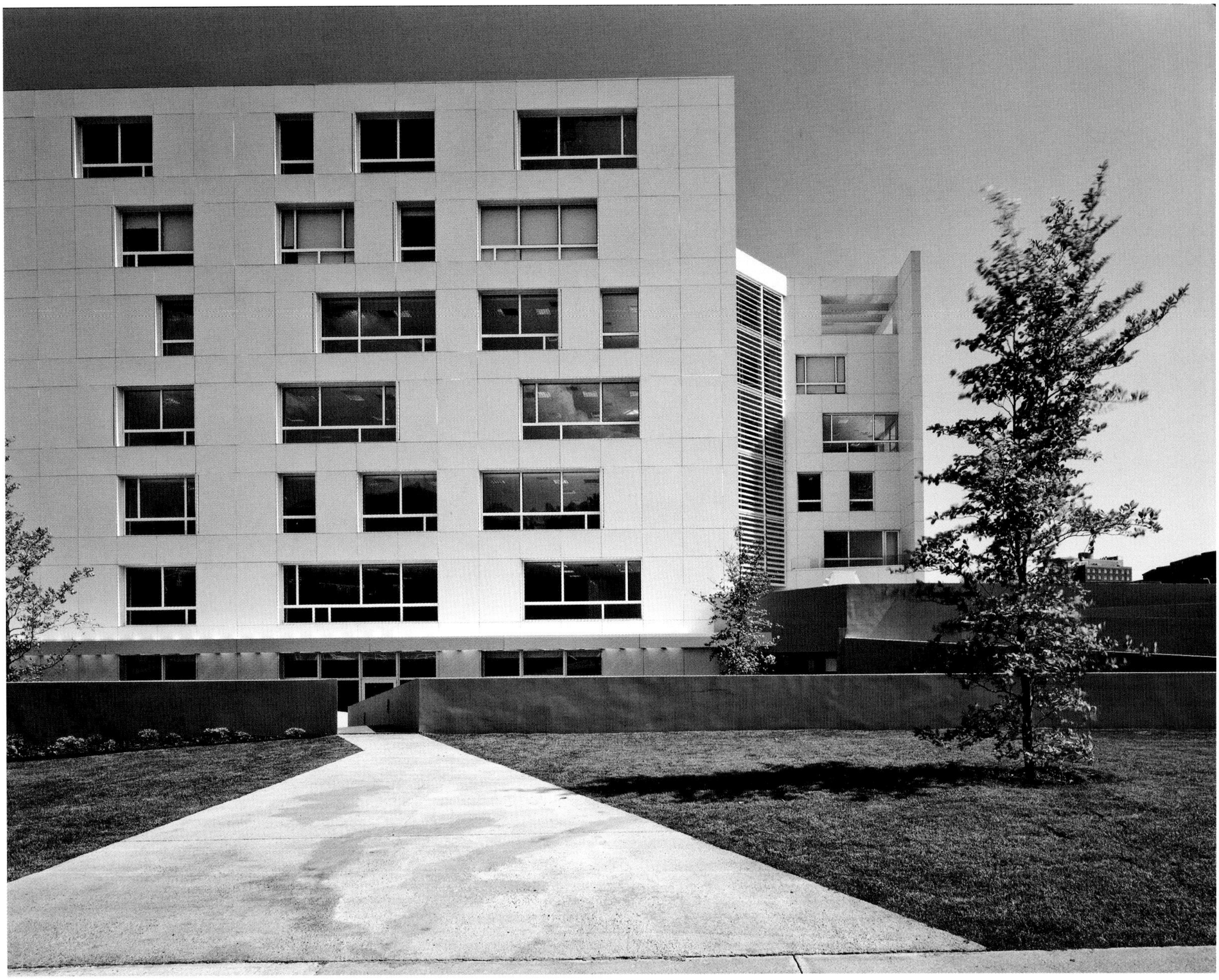

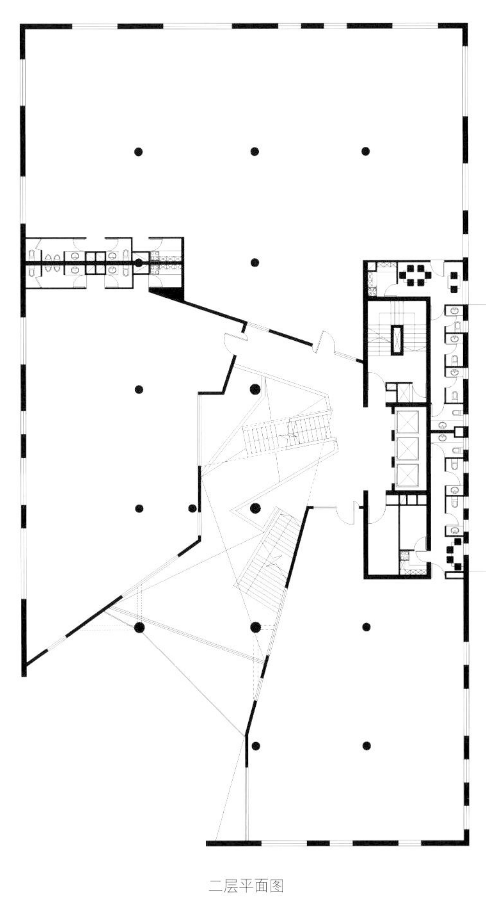

二层平面图

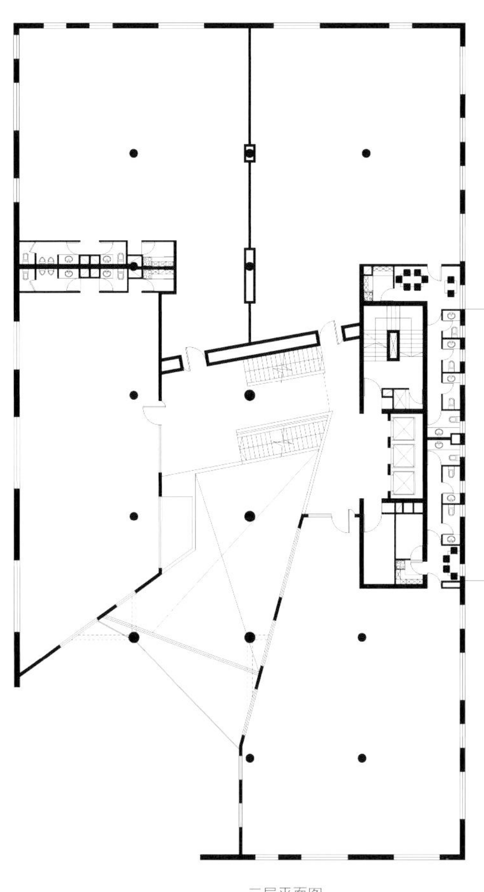

三层平面图

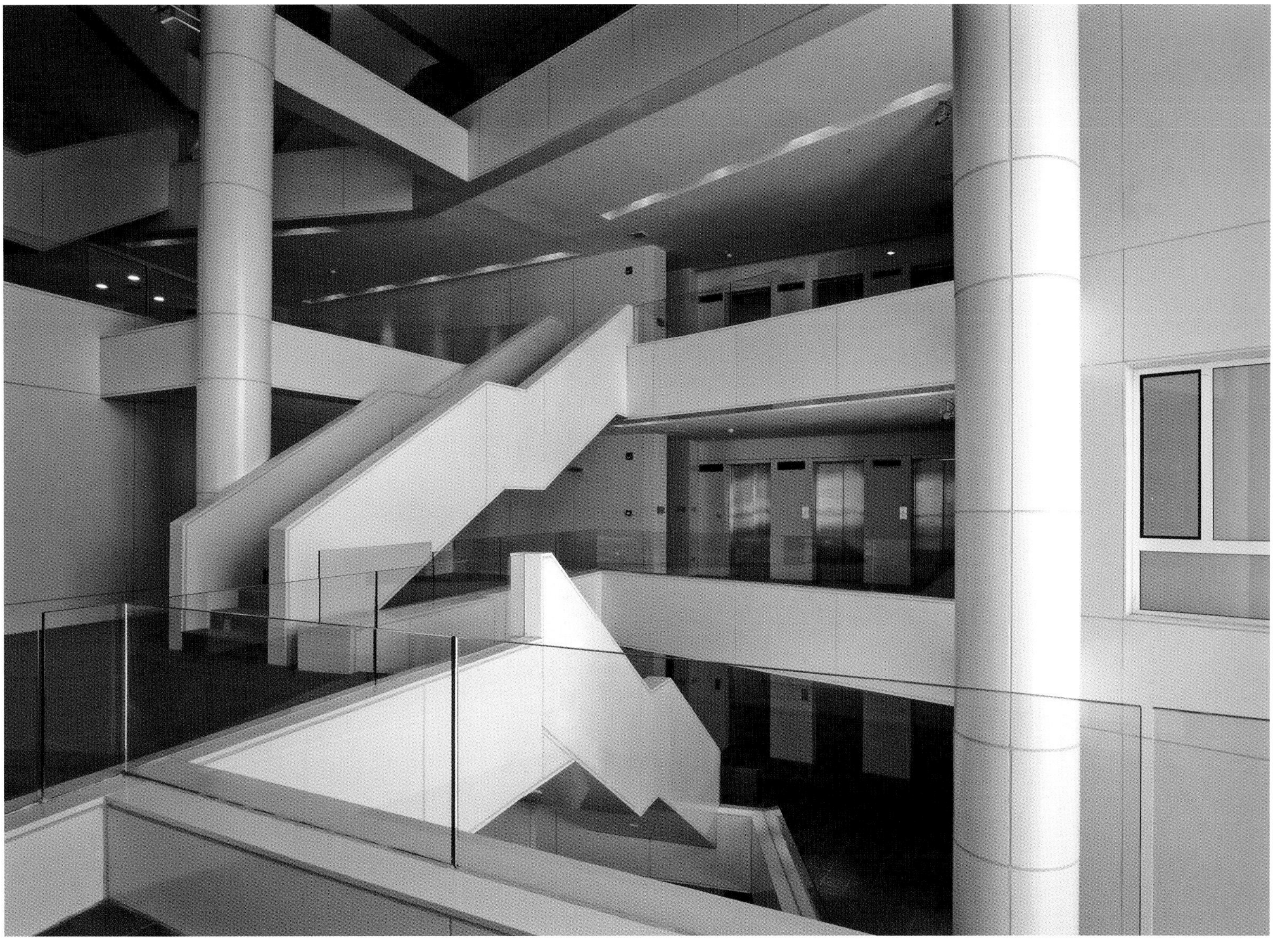

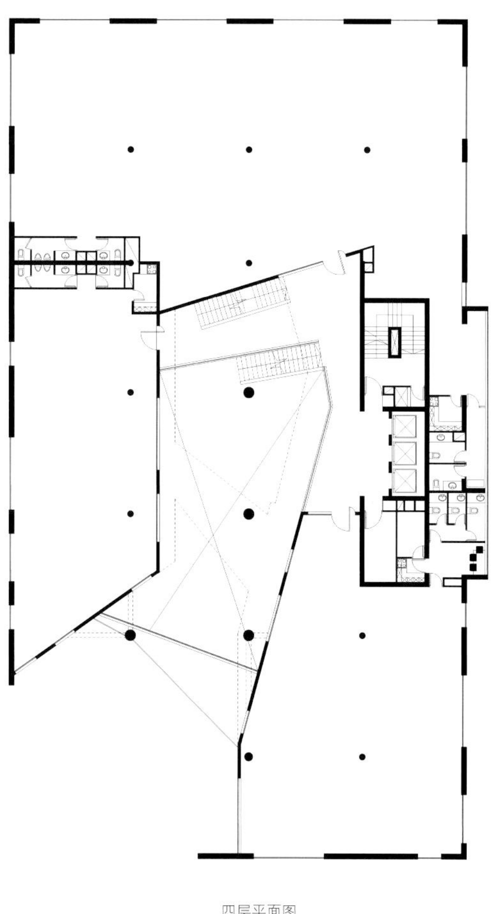

四层平面图

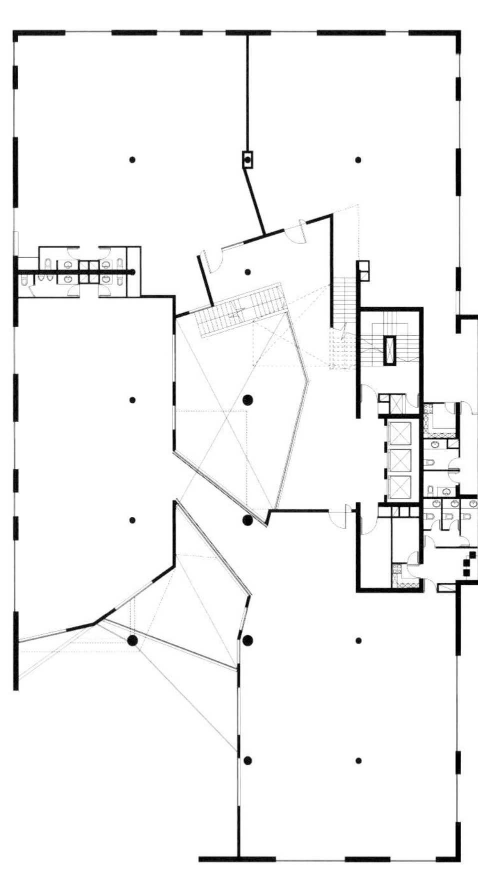

五层平面图

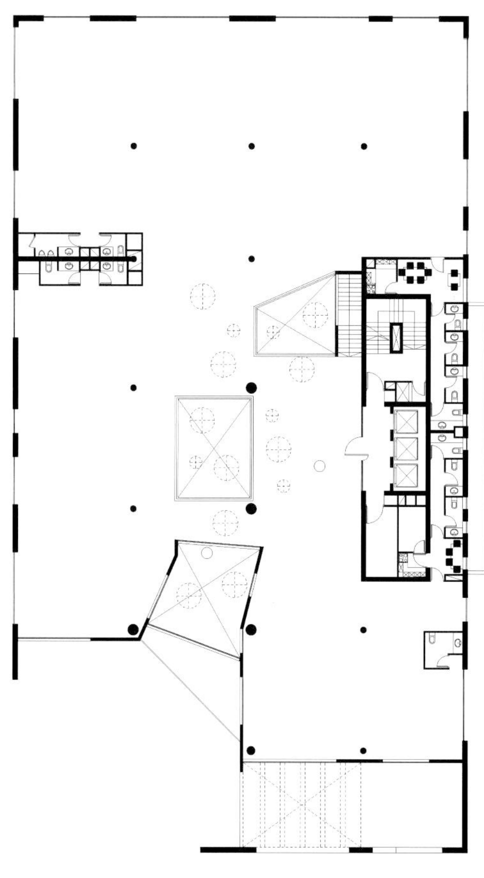

六层平面图

维尔邦德总部

设计单位：SOLID architecture ZT GmbH
竣工时间：2010年
项目地点：奥地利维也纳市
项目面积：2 720 m² 供暖翻新
1 320 m² 立面重新设计
摄 影 师：钧特·克雷瑟尔、库尔特·库巴尔

朝向弗莱翁广场（维也纳最优越的地理位置之一）一侧的立面的重新设计应该能够象征水力发电巨头维尔邦德公司的身份地位。外立面的重新设计方案应该能够使维尔邦德总部大楼所包含的不同元素呈现统一的整体效果。

设计方案将建筑的外立面融入到地块所在地的历史背景当中。维尔邦德公司总部大楼采用与周围建筑相同的高度，但该建筑共九层，因此每个楼层的高度几乎是普通标准楼层的两倍。

在城市规划方面维尔邦德公司总部更多地朝向弗莱翁广场。此外，设计方案还应强调弗莱翁广场拐角处的商铺入口，因为这里是公众能够进入该总部大楼的唯一空间。

弗莱翁广场整体上由多个不同时期的建筑组成，这些建筑后来曾被多次重建及扩展。将不同时间层面上的建筑重叠起来是新设计方案的基点。利用不同时代建筑历史的设计原则将一系列建筑综合起来，布置在弗莱翁广场上。

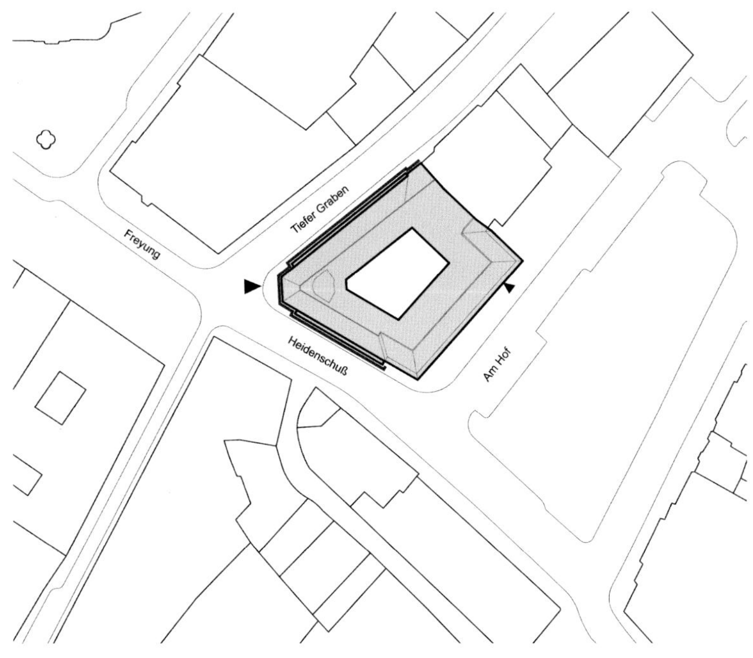

总平面图

新型复合外墙

Shop

立面图

Aiwasowski
»der russische Turner«
Verbund

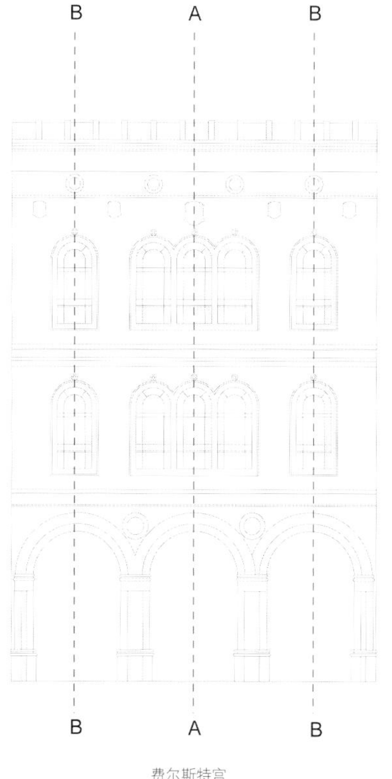

费尔斯特宫

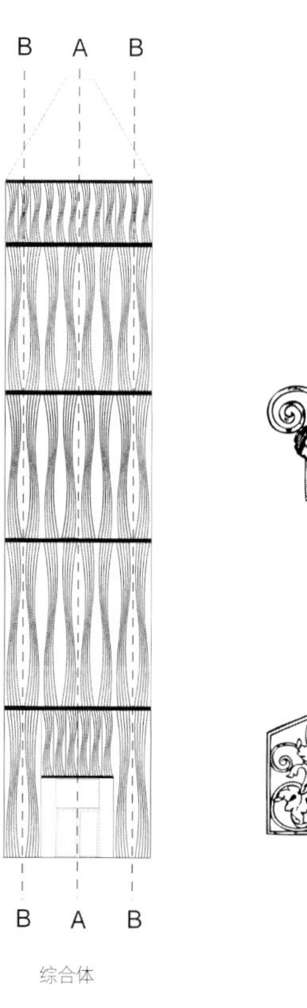

综合体

历史建筑

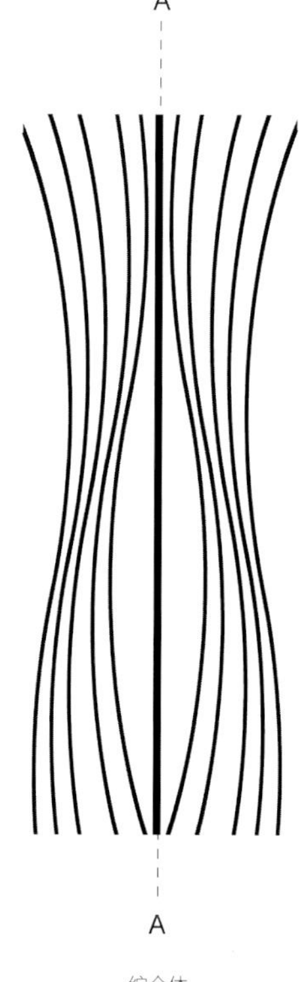

综合体

通过对称轴强调建筑立面
A——主轴
B——次轴

装饰元素对称布局

EINBAHN
ausgen.

iwasowski

恩格伦养老院

设计单位：Diederendirrix Architects
建 筑 师：保罗·迪耶德伦
竣工时间：2010年
项目地点：荷兰恩格伦市
楼面面积：2 900 m²
摄 影 师：阿瑟尔·巴根

在恩格伦，Diederendirrix Architects建筑师事务所开发了两栋高级住宅公寓，每栋分别包括18间公寓，其中9间用于出租，另外9间用于出售。拐角处的超大阳台设计以及所选用的材料和色调搭配，使得这两栋建筑格外显眼。白色石膏外墙搭配巨大的落地窗是该建筑的特色，给整个建筑赋予了一种富有魅力的洁净外观。我们选择了与这片邻近绿色社区现有建筑规模相适应的两栋建筑，当从街道上看时，这两栋建筑规模小巧不臃肿。楼群之间的绿化区域设计用做社区活动区。从该地段可以清晰地看到恩格伦南部美丽的田野风光。

总平面图

平面图

地面层平面图

1号展览办公室

设计单位：Arc2建筑师事务所
竣工时间：2009年
项目地点：荷兰布鲁克伦市
项目面积：2 700 m²
摄 影 师：罗布·豪艾克斯特拉

1号展览办公室是一个多公司办公楼，由展览室和办公室等独立单元组成。每个单元在中庭处均设有各自的入口。中庭处的屋顶由四根钢柱支撑，这四根钢柱在顶部呈扇形展开，形成一个拱形顶棚。建筑立面采用素面砖块进行装饰，屋顶边缘采用向外凸出的屋檐，与中庭拱形顶棚相互呼应。此外，建筑屋顶上还设有一个直升机停机坪。

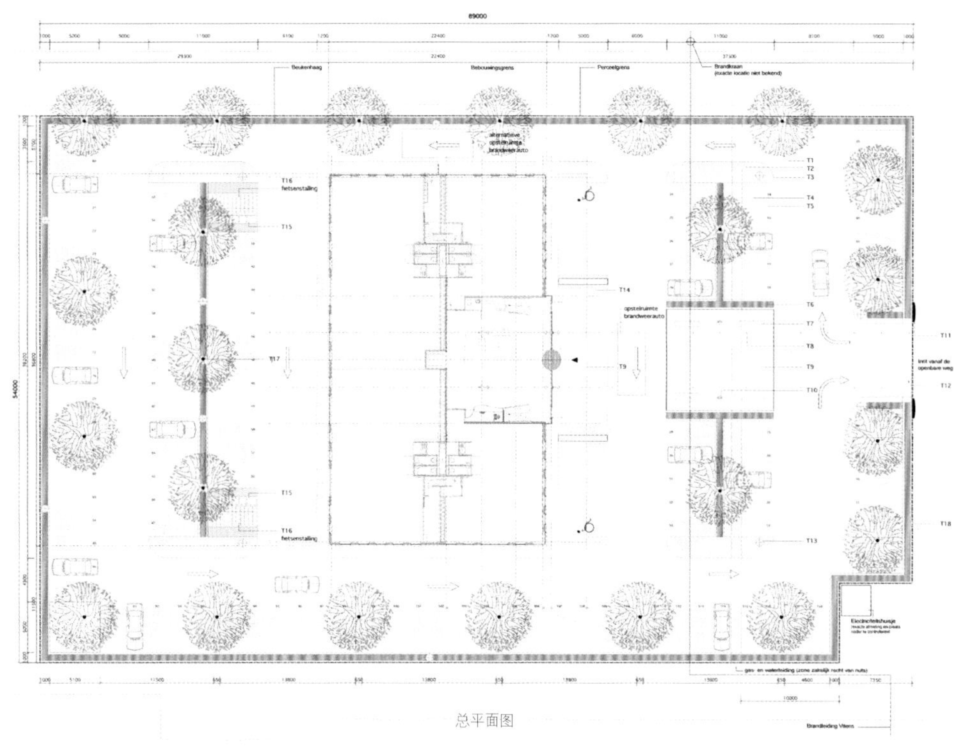

总平面图

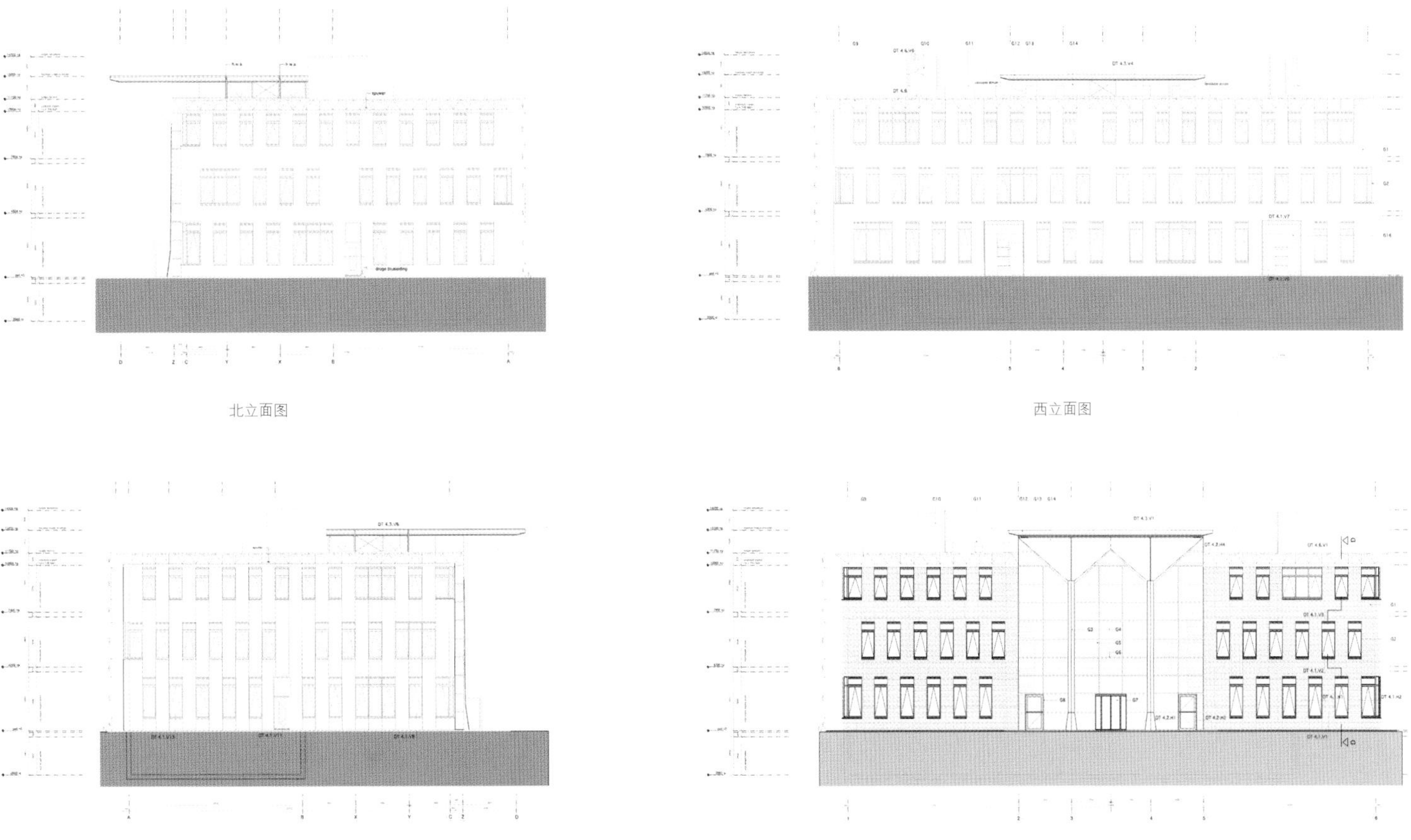

北立面图

西立面图

南立面图

东立面图

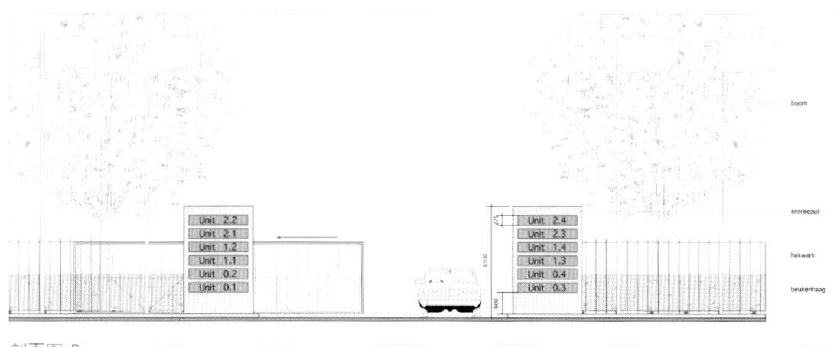

剖面图 D

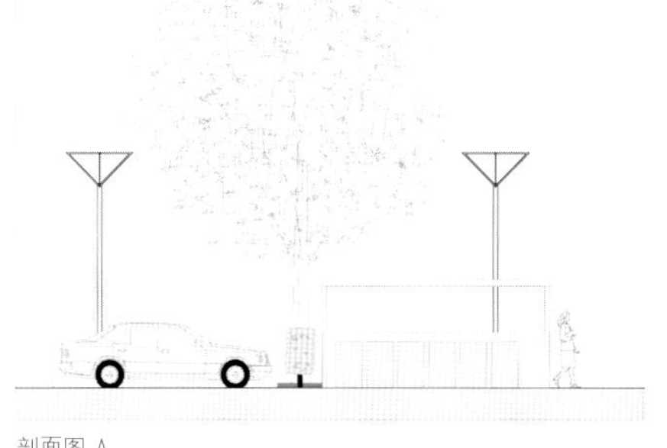

剖面图 A

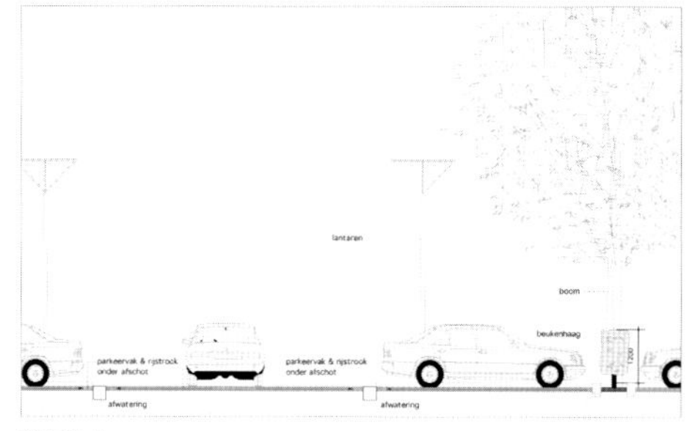

剖面图 B

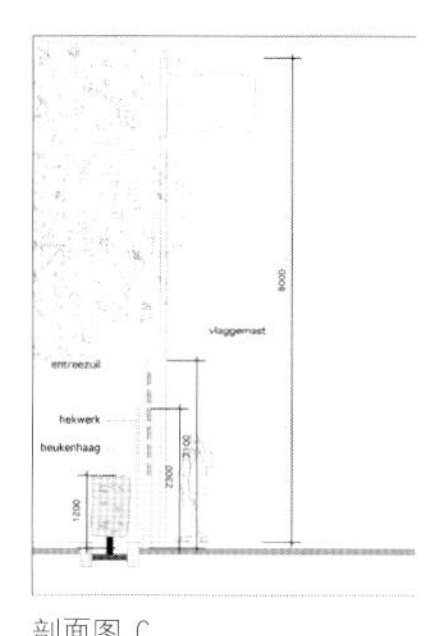

剖面图 C

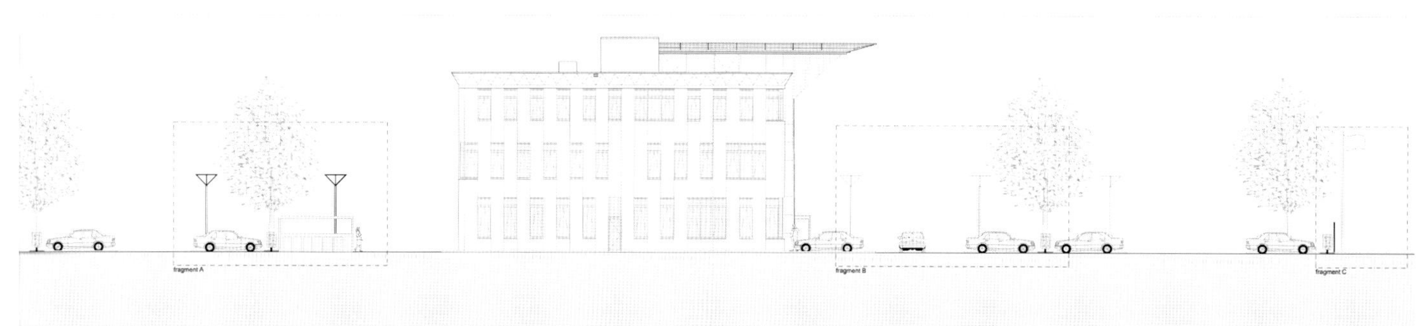

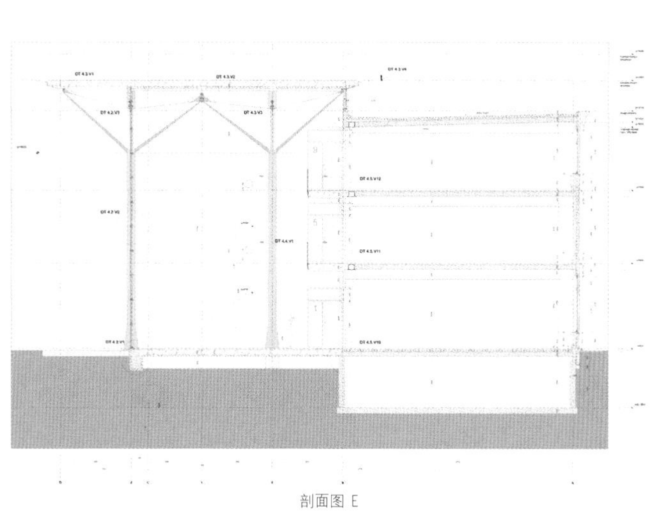

剖面图 E

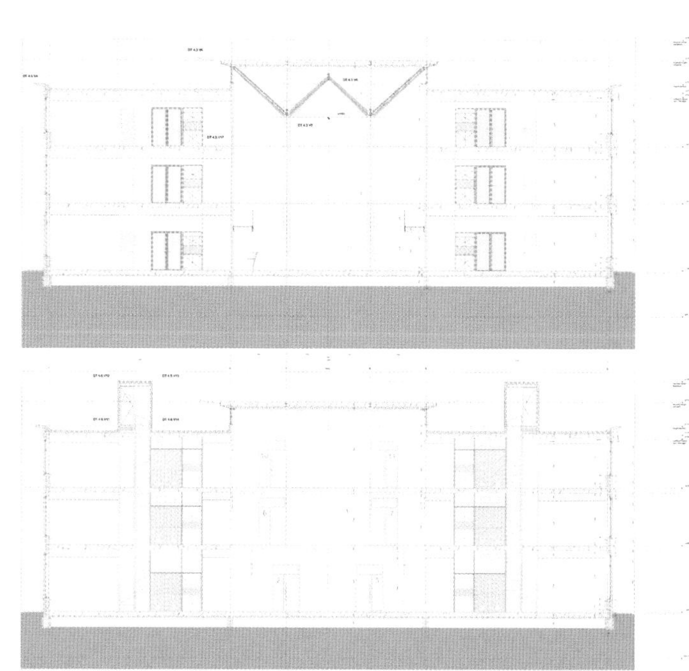

剖面图 H & I

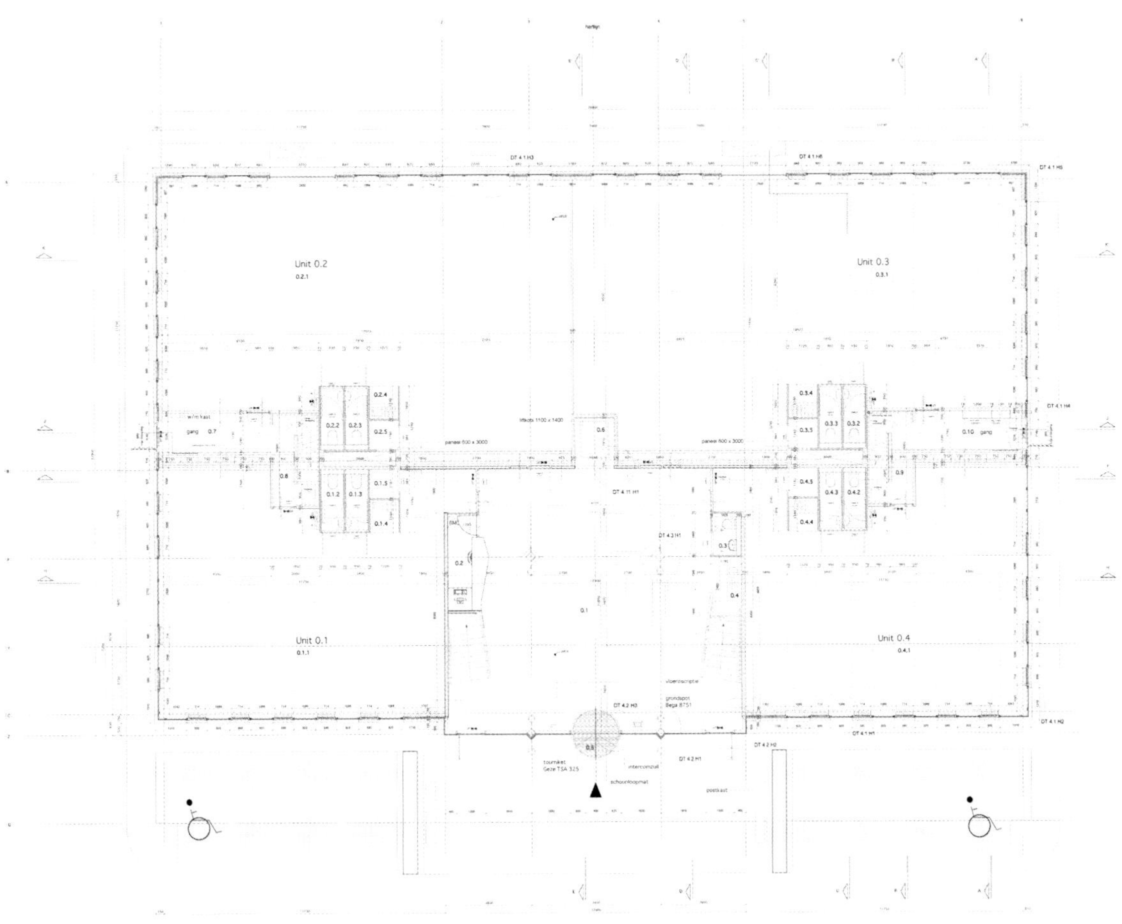

底层平面图

中央统计局大楼

设计单位：Meyer & Van Schooten Architects
工程公司：Inbo
竣工时间：2009年
项目地点：荷兰海尔伦市
项目面积：23 117 m^2（写字楼）、8 993 m^2（停车场）（共1 298个车位）
摄 影 师：Inbo

海尔伦市中央统计局新大楼由梅耶尔&凡舒顿建筑师事务所设计完成。该项目包括5栋办公配楼，以扇形的方式围绕一个中央开放空间展开，突出隐藏的矿井结构。通往矿井的原入口位于中央开放空间，周边设有玻璃艺术品作为标志。该项目的难点在于如何将最终设计方案成功转入2007年12月开始的实施阶段。

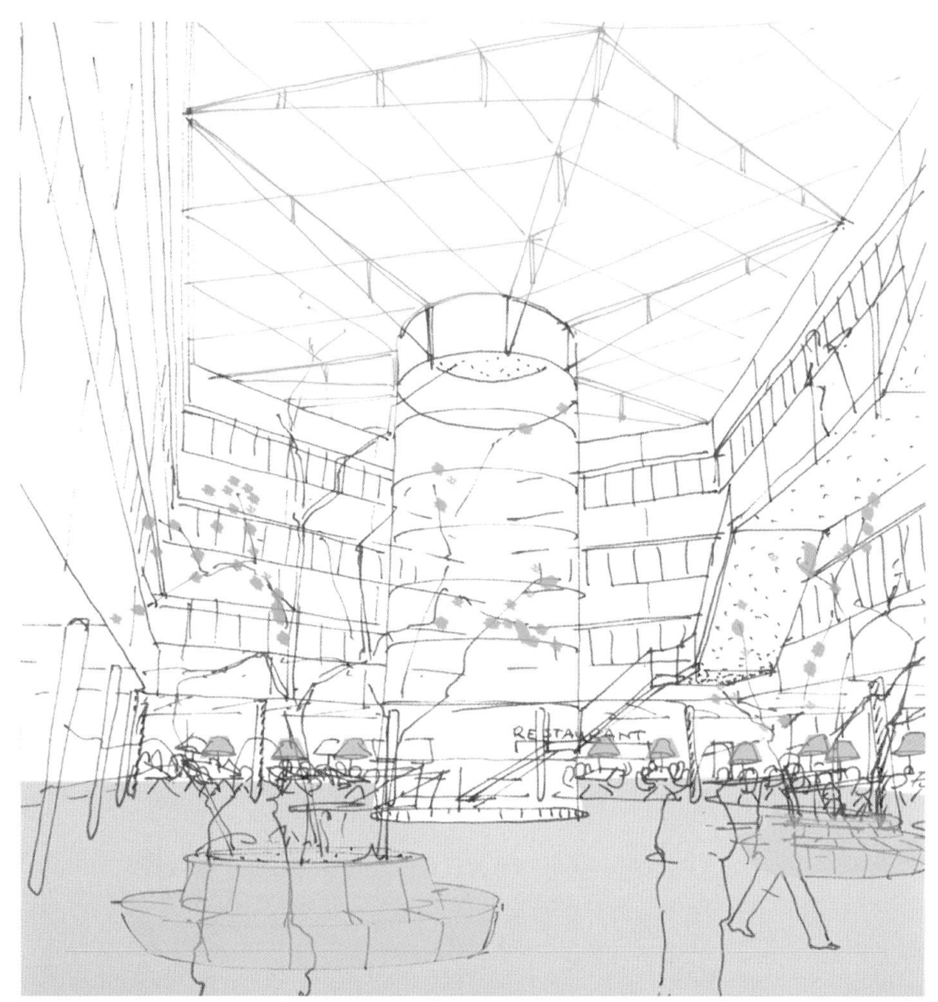
RESTAURANT

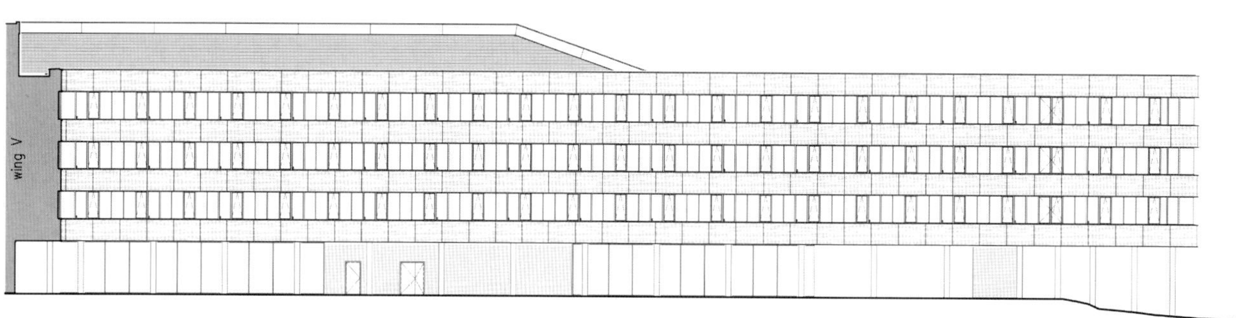

配楼I南侧立面图

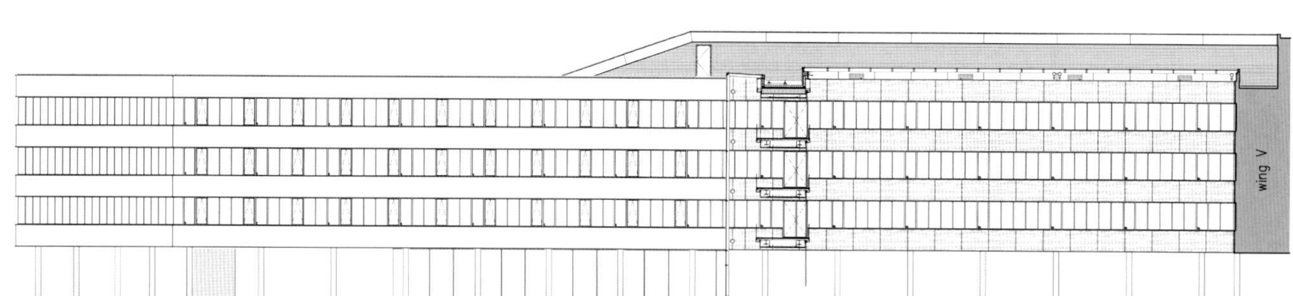

配楼I北侧立面图

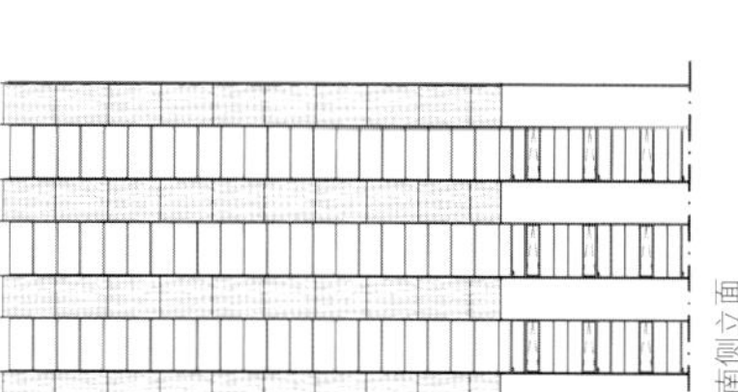

配楼I东侧立面图

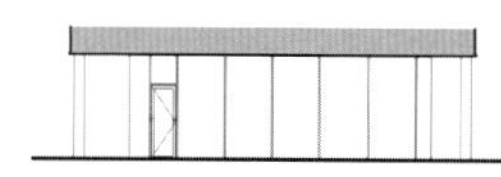

配楼I东侧立面图

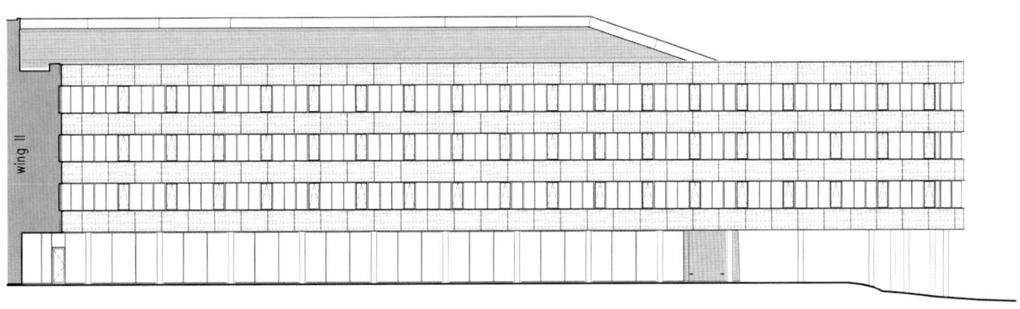

配楼III北侧立面图

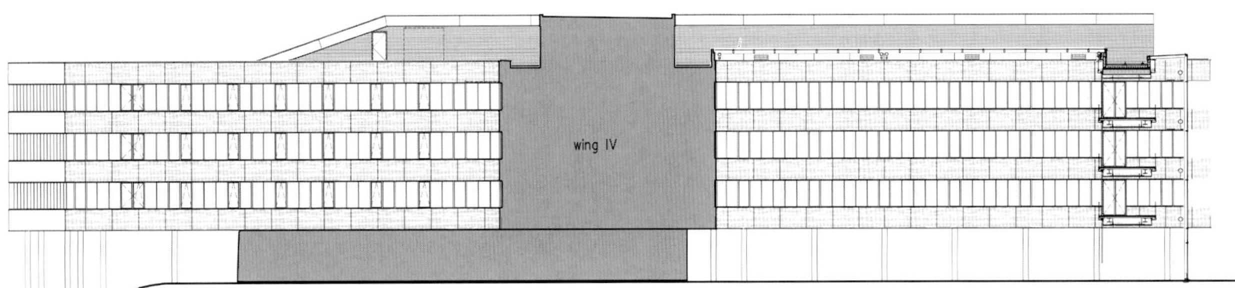

配楼III南侧立面图

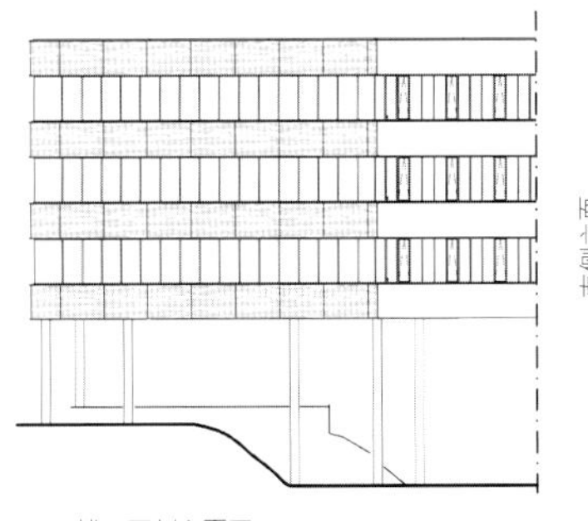

配楼III西侧立面图

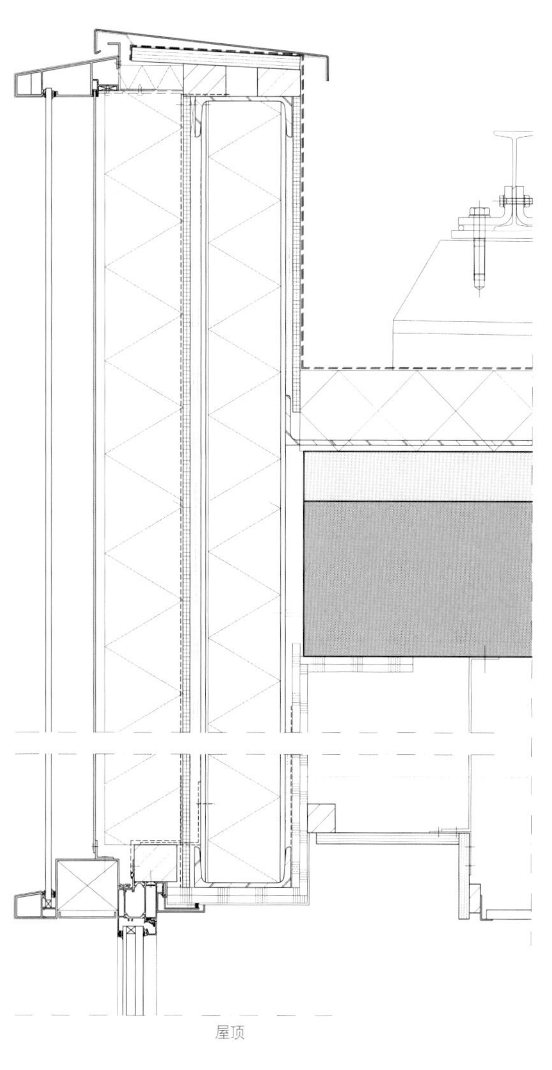

屋顶

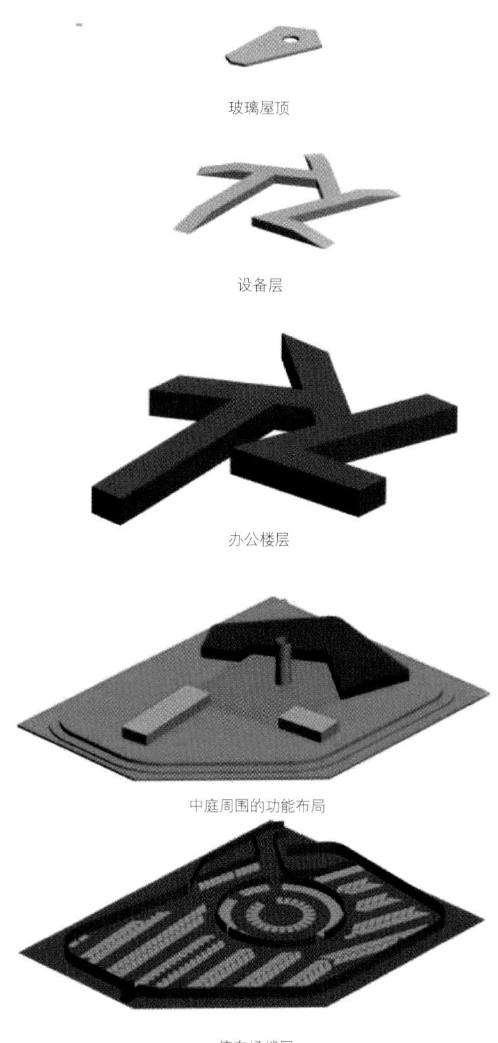

玻璃屋顶

设备层

办公楼层

中庭周围的功能布局

停车场楼层

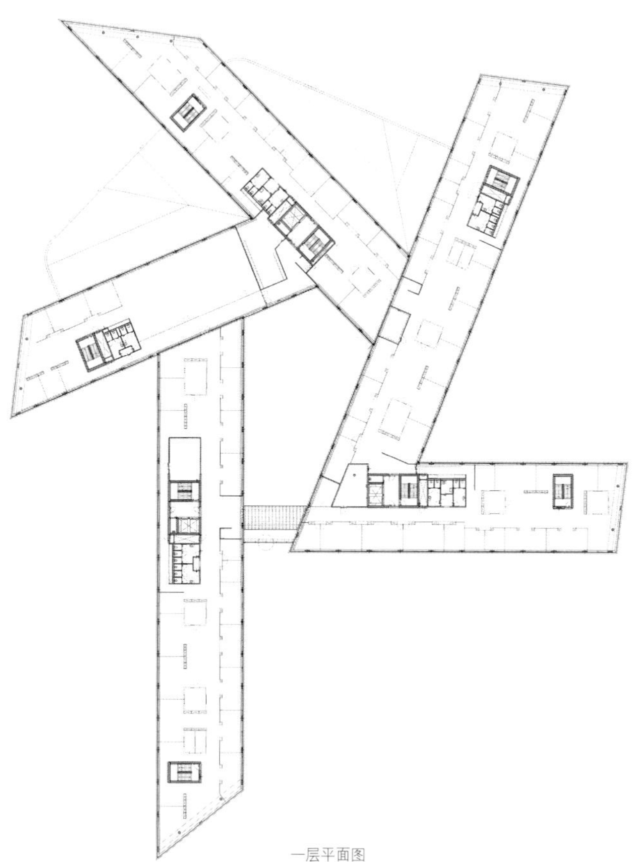

一层平面图

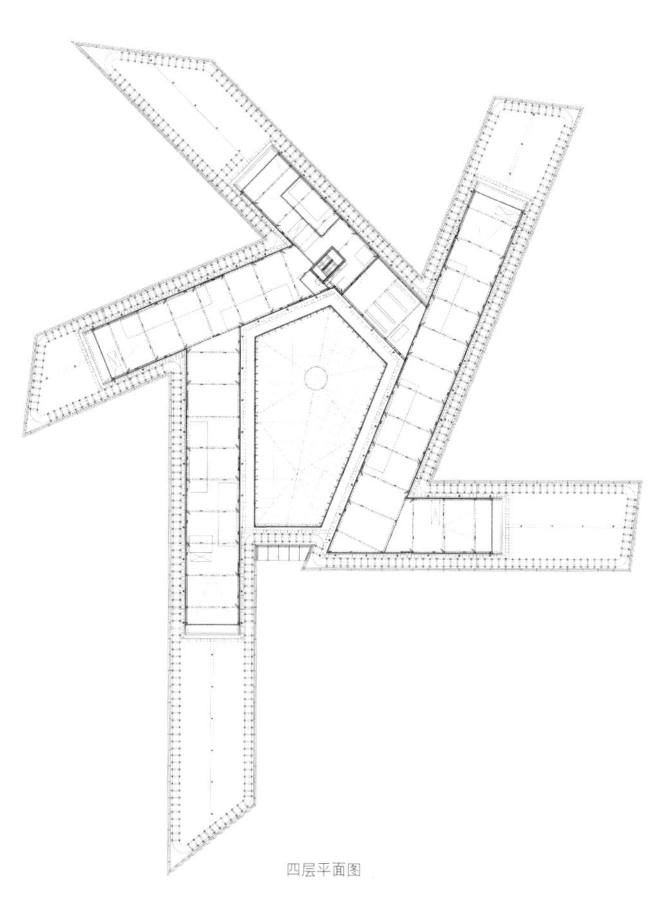

四层平面图

cbs

丁香门ZAC办公楼与公共空间

设计单位：HERAULT ARNOD ARCHITECTES
竣工时间：2009年
项目地点：法国巴黎市
项目面积：10 000 m² 办公区域+总楼面面积为4 500 m² 的活动空间
摄 影 师：安德雷·莫林、赫劳尔特·阿尔诺德

这是一个涉及多个城市规划项目的地块。

巴黎与其周围的城镇和村庄相连的“结合处”是巴黎大都会的未来不断发展的关键因素。这些区域位于城市边缘，具有独特的地标作用。

雷纳丰克大街延伸至圣热维尔中心的让·饶勒斯大街，随着该区域模式、规模和类型的转变，这片地区成为城市发展从巴黎转向环城大道以外的内郊区的典型标志。“过境站”在这里是枢纽，在此意义上尤为重要：巴黎市中心鳞次栉比的建筑物和郊区形式各异的建筑之间的转换可以采取一系列“淡出”的形式，而不是突然中止。

该项目主要包括在F5地块上建造一个写字楼和一些商用住所，我们主要关注该地块的下列特征。

雷纳丰克大街连接普雷·圣·格维尔社区和丁香门地区，大街东侧将建造一系列大楼，形成统一的立面形式。

从巴黎环形公路上可以看见雷纳丰克大街的西侧建筑，相反地，大楼的较高楼层可以一览远处的风景，为建筑赋予更广阔的景观视图。

拉奥瓦伦堡大街是一条宽敞的小区街道，呈不对称分布，街道一侧是一排排大厦，另一侧是沿着城市分界线而建的“巴比伦”大厦脚下的广场。

该广场是邻近街区的重要部分，许多家庭都把广场当做绿化空间，并把它作为连接普雷·圣·格维尔社区和丁香门地区的步行道。实际上，这条通道一直穿过位于贝尔维德尔大街另外一侧的街区，通往绿地广场的中心地带。

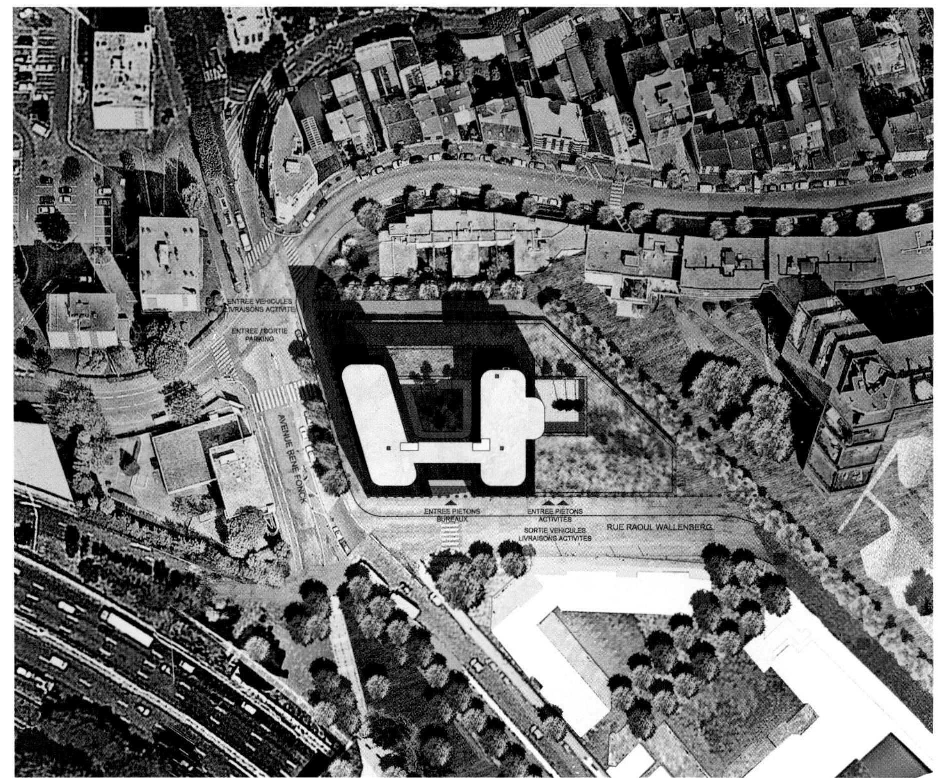

ENTREE VEHICULES LIVRAISONS ACTIVITES
ENTREE / SORTIE PARKING
AVENUE RENE FONCK
ENTREE PIETONS BUREAUX
ENTREE PIETONS ACTIVITES
SORTIE VEHICULES LIVRAISONS ACTIVITES
RUE RAOUL WALLENBERG

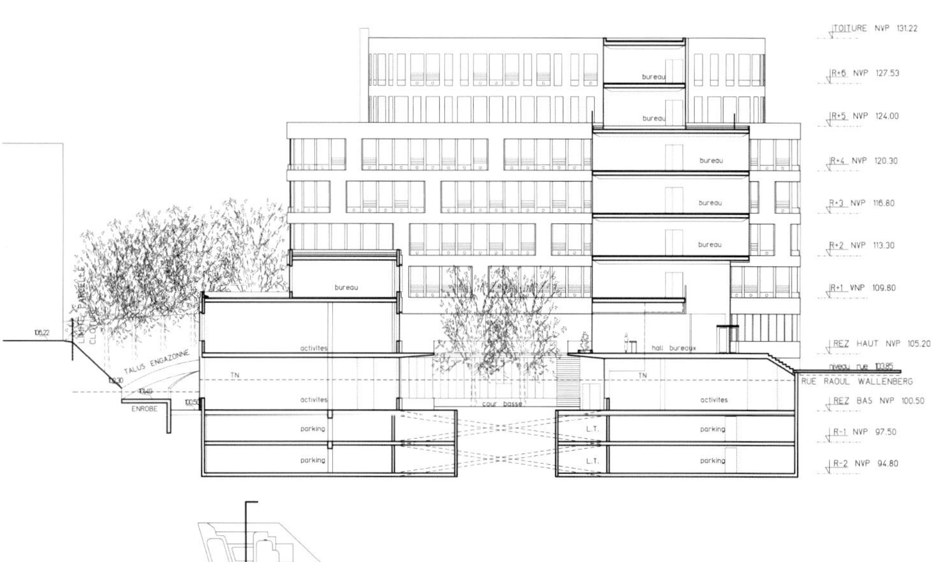

TOITURE NVP 131.22
R+6 NVP 127.53
R+5 NVP 124.00
R+4 NVP 120.30
R+3 NVP 116.80
R+2 NVP 113.30
R+1 VNP 109.80
REZ HAUT NVP 105.20
RUE RAOUL WALLENBERG
REZ BAS NVP 100.50
R-1 NVP 97.50
R-2 NVP 94.80
bureau
activites
hall bureaux
cour basse
parking
L.T.
TALUS ENGAZONNE
ENROBE
TN

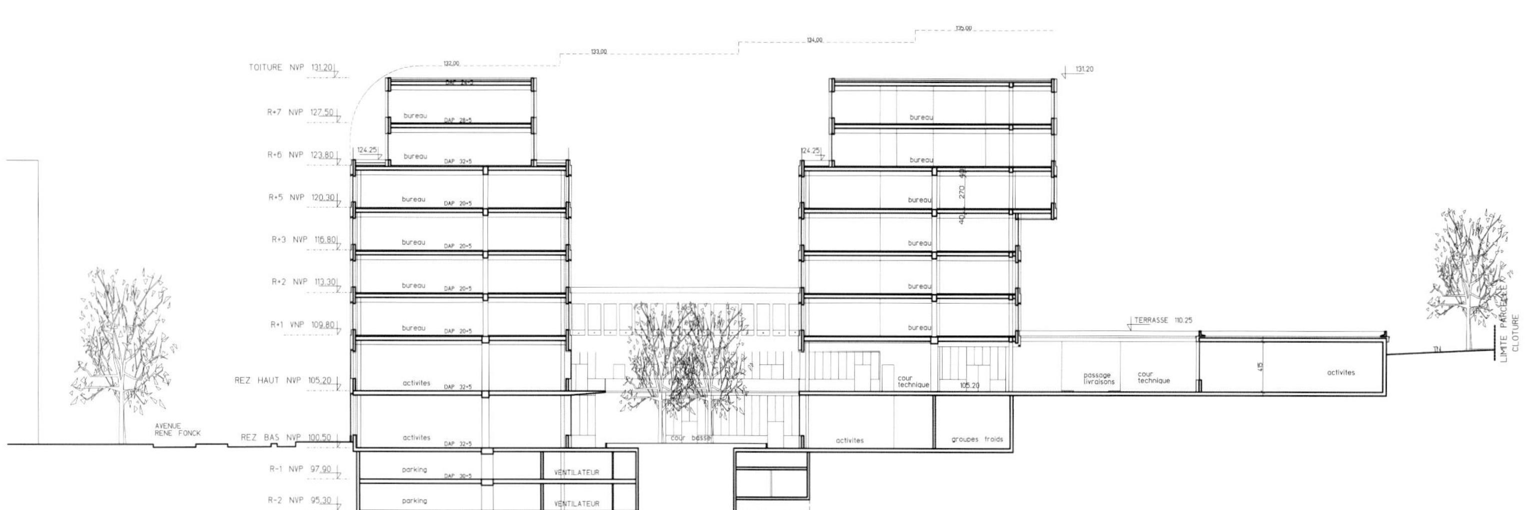

TOITURE NVP 131.20
R+7 NVP 127.50
R+6 NVP 123.80
R+5 NVP 120.30
R+3 NVP 116.80
R+2 NVP 113.30
R+1 VNP 109.80
REZ HAUT NVP 105.20
REZ BAS NVP 100.50
R-1 NVP 97.90
R-2 NVP 95.30
AVENUE RENE FONCK
bureau
activites
parking
VENTILATEUR
cour basse
cour technique
groupes froids
TERRASSE 110.25
passage livraisons
LIMITE PARCELLE CLOTURE

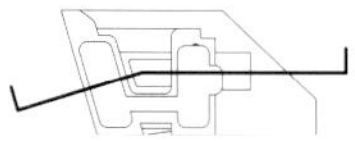

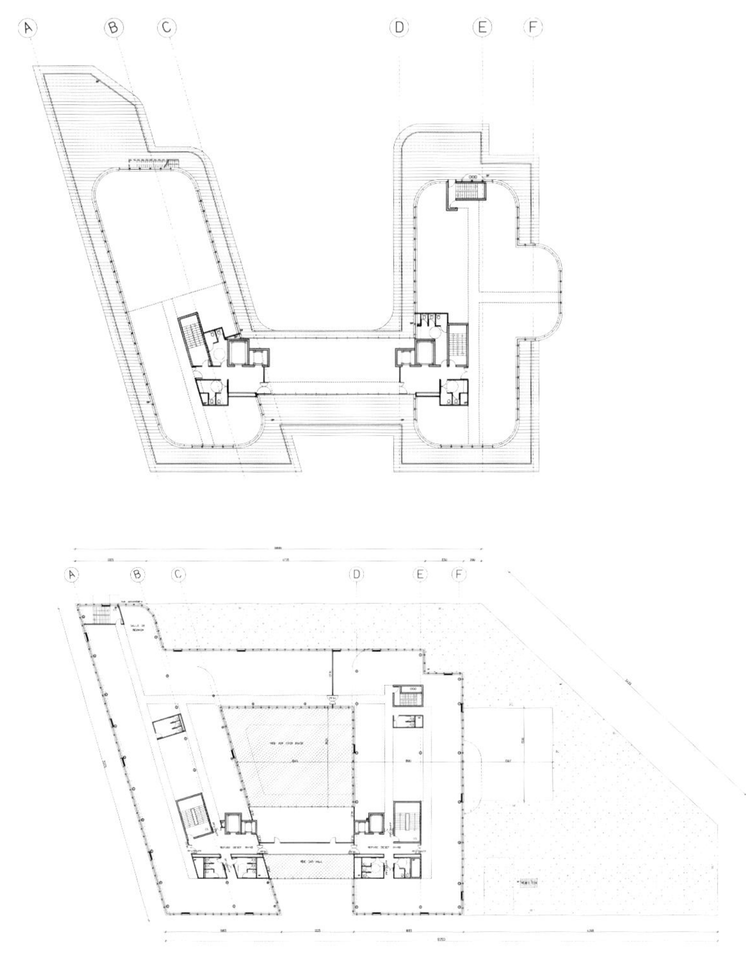

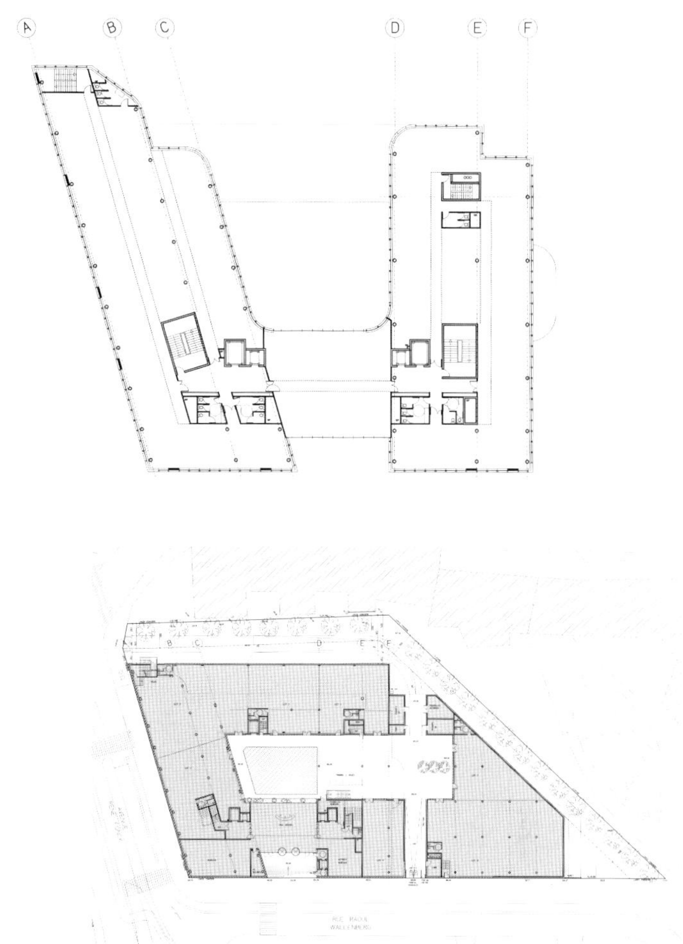

EON软件园（凋落的莲花）

设计单位：Form4建筑事务所
竣工时间：2012年
项目地点：印度浦那市
项目面积：380 890 m^2
摄　　影：NPAPL

该办公园区坐落在印度第八大城市浦那市内。园内的建筑格局优雅，面积达9万平方米，位于由政府建造的用来鼓励发展的经济特区内。从大楼上可以俯瞰一片几乎从未触动过的平坦大地上的河流和田野。该大楼的设计灵感来自印度的国花，即白色的荷花，设计的起点是不断重复荷花的花瓣形状。最终，从平面图上看，四瓣"荷花花瓣"就像是一朵四叶苜蓿，中间呈开放趋势。大楼本身拥有能够半控制的带有遮蔽物的中庭，用做大楼用户会面和聚会的空间。傍晚时分，在霓虹灯的照射下，从中庭看去，大楼元素的轮廓会形成一个巨大的万花筒。

该项目从地面升起，目的是将项目打造成一个类似神殿的建筑，为未来科技及其本身的建筑形态做出贡献。当人们的眼光沿着屋顶轮廓线移动时，会看到一个生动的流体平面。该大楼向社会的用户开放，并热情拥抱他们。这个地标性建筑的施工阶段和完工阶段都证实了技术是建筑语言在像印度这样经济快速增长的国家内进行转化的重要力量。

PETRON

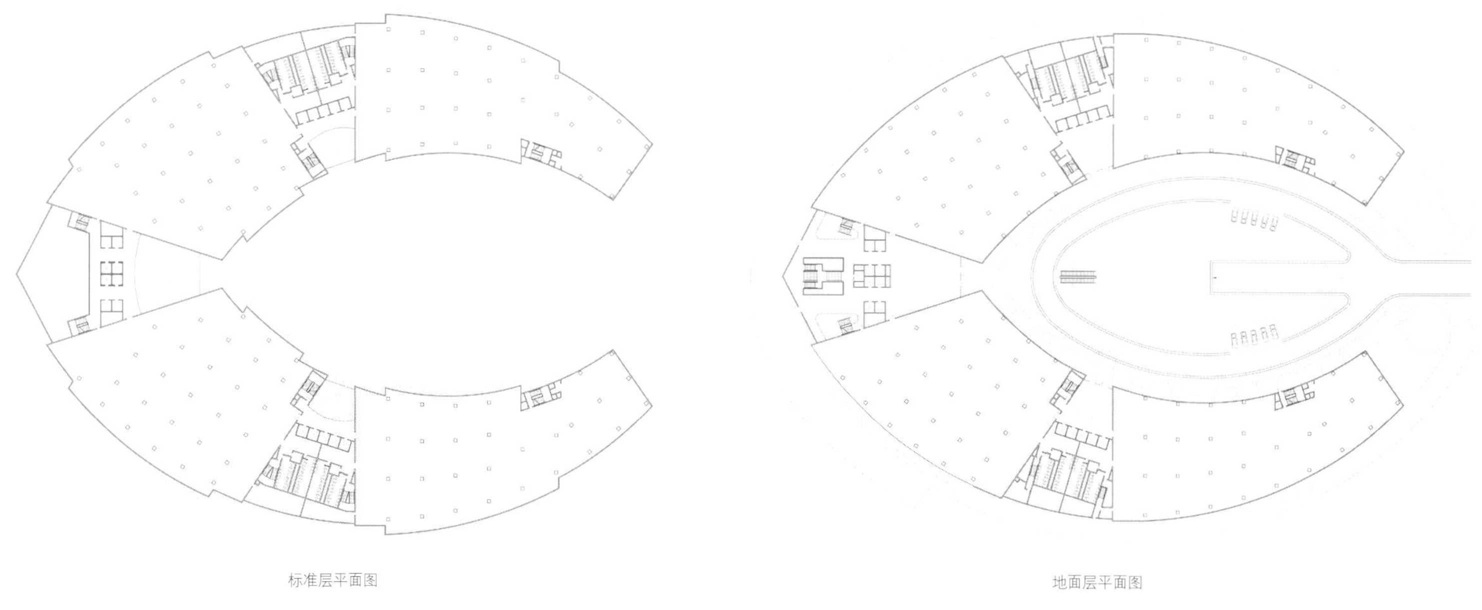

标准层平面图

地面层平面图

无限论坛研发中心

设计单位：DRDS
竣工时间：2011年
项目地点：韩国京畿省板桥科技谷
项目面积：12 578 m²
建筑面积：45 750 m²
摄 影 师：Kunwon

随着各国之间对吸引世界一流企业研发中心的竞争越来越激烈，京畿省主要以其高端设计得到全球关注。该省专门指定该地区为外商投资区，并与韩国知识经济部合作，共同制定各种激励措施。该理念目标是在该省与其他研发群体创造协同效应，对技术开发带来积极改变。此举将提高国内企业的国际竞争力，并为人力资源库带来更多的专业人才。

该项目位于新都市的科技谷园区，目标是建造标志性建筑并鼓励研究机构通过设计吸引从事生物科技（BT）、信息技术（IT）和绿色科技（GT）的全球企业。

项目主要规划有19 800平方米的研发实验室，可用于公司租赁并提供实验室设施。东大楼包括湿实验室设施和需要特殊的实验室设计模块、地板结构和重型机械支撑的屋顶排风设施。作为一座多租户研究设施，该大楼采用智能办公空间和活动地板，目的是对计划的灵活性进行优化。

大楼之间由多个天井和相连的通道相互连接，为研究者之间创造了交流机会。通过不同租户之间的相互交流，可以促进产生协同效应，能产生自发的头脑风暴，增加构思和发现的机会。这是一种前瞻性的解决方案，可与该地区内全部相关国内公司和其他研究机构一起，获得更多的教育和研发成果。

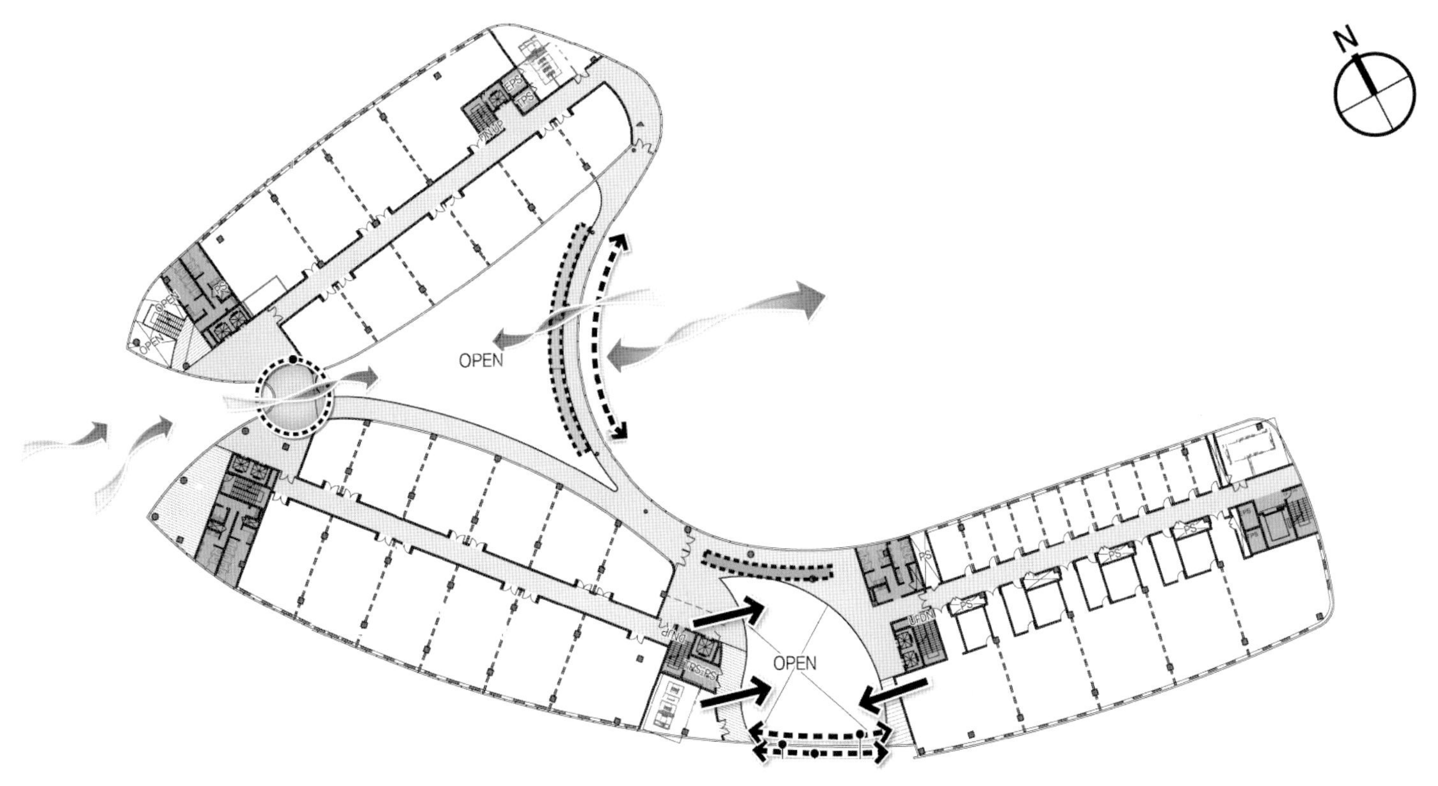

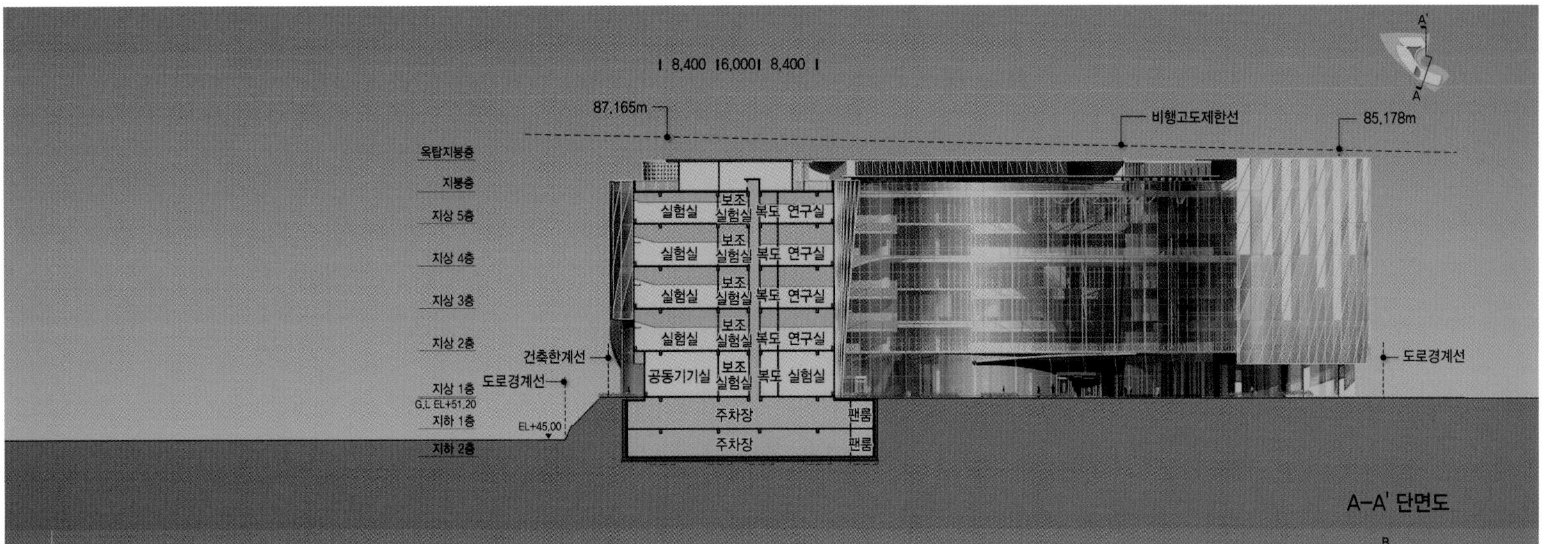

8,400 6,000 8,400
87.165m
비행고도제한선
85.178m
옥탑지붕층
지붕층
지상 5층
지상 4층
지상 3층
지상 2층
지상 1층
G.L EL+51.20
지하 1층
지하 2층
EL+45.00
실험실 보조실험실 복도 연구실
건축한계선
도로경계선
공동기기실 보조실험실 복도 실험실
주차장 팬룸
주차장 팬룸

A-A' 단면도

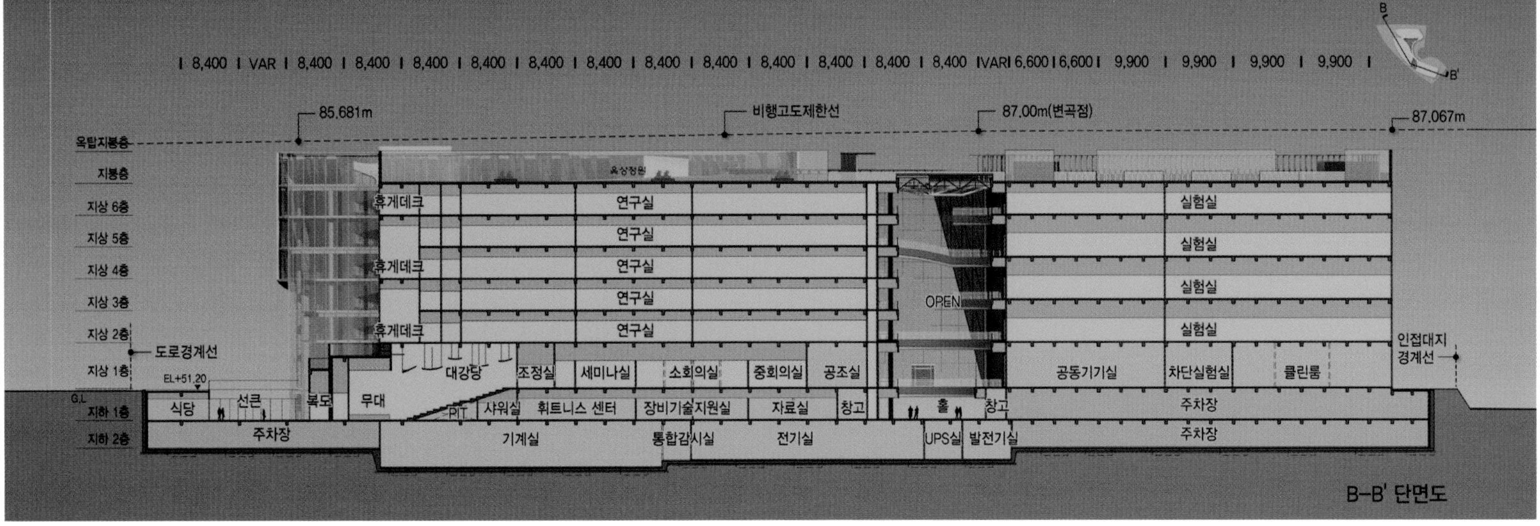

8,400 VAR 8,400 8,400 8,400 8,400 8,400 8,400 8,400 8,400 8,400 8,400 8,400 8,400 VAR 6,600 6,600 9,900 9,900 9,900 9,900
85.681m
비행고도제한선
87.00m(변곡점)
87.067m
옥탑지붕층
지붕층
지상 6층
지상 5층
지상 4층
지상 3층
지상 2층
지상 1층
G.L
지하 1층
지하 2층
도로경계선
EL+51.20
휴게데크
연구실
실험실
OPEN
인접대지 경계선
대강당 조정실 세미나실 소회의실 중회의실 공조실
공동기기실 차단실험실 클린룸
식당 선큰 복도 무대 PIT 샤워실 휘트니스 센터 장비기술지원실 자료실 창고 홀 창고 주차장
주차장 기계실 통합감시실 전기실 UPS실 발전기실 주차장

B-B' 단면도

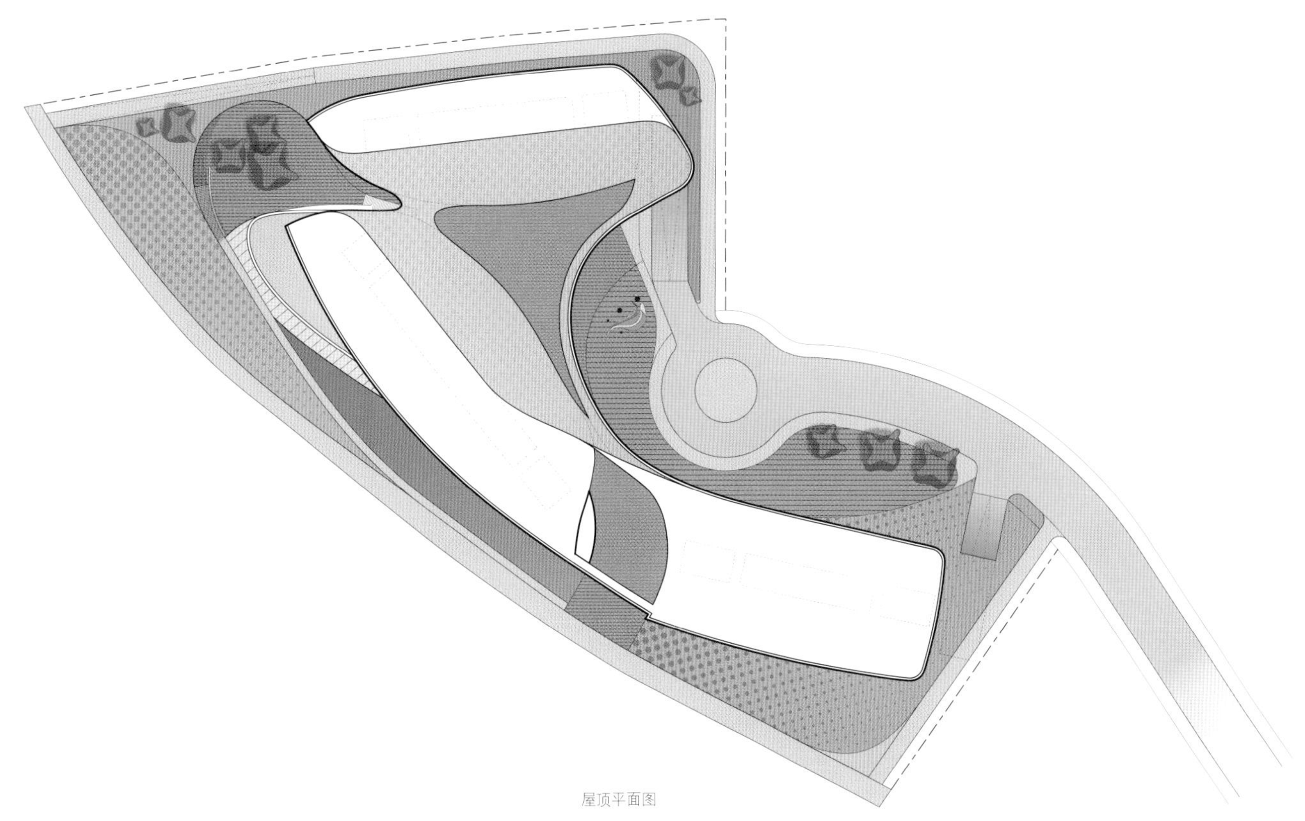

屋顶平面图

Aalta

设计单位：Martin Duplantier and Laurent Duplantier architectes
竣工时间：2012年
项目地点：法国瑟农县
项目面积：1 117 m^2
摄 影 师：亚瑟·佩奎恩

该项目以截然不同的方式诠释了目前流行的“邻避效应”。

这里的住宅建筑朝向花园和街道，但是这个项目打破常规，成功创造出用于活动、工作、服务和交流的空间。写字楼同样具有功能多样性，并且适用于企业办公，被免税区吸引来的公司可以临时入驻此地。但是这些公司会不断变化，因此写字楼应该具有灵活的功能布局，以满足这些不断变化的需求。

该项目在平面布局和结构组织方面具有很高的灵活性，空间采用最少的支柱设计，从而实现灵活的自由组合。 在其中性空间的背后，建筑立面也具有充满活力的城市特色：波浪状的白色外壳看上去正在带领周围建筑进行一场运动比赛。

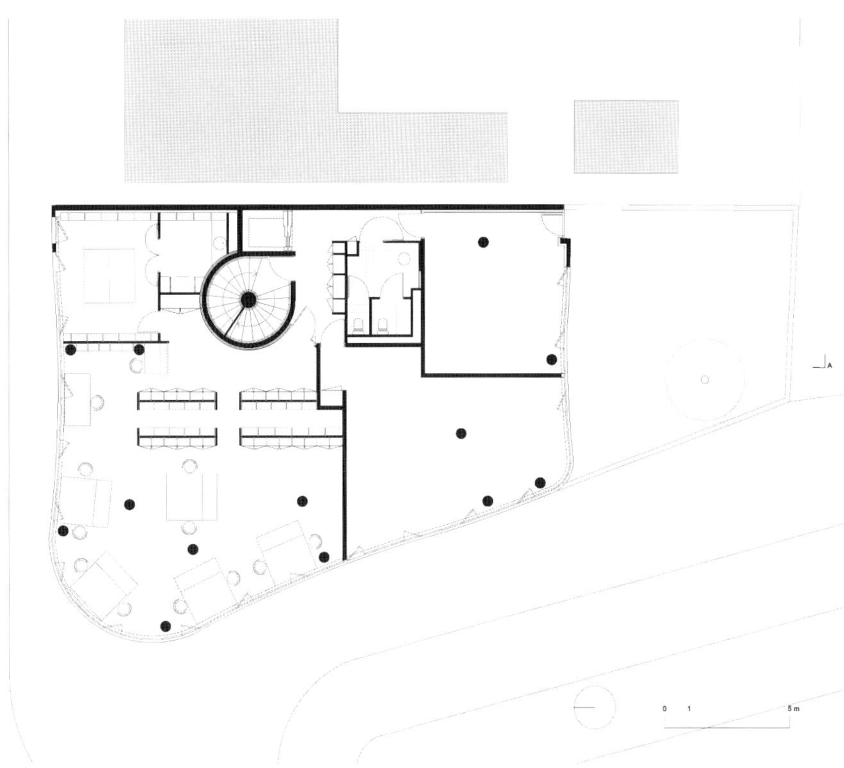
A
0
1
5m

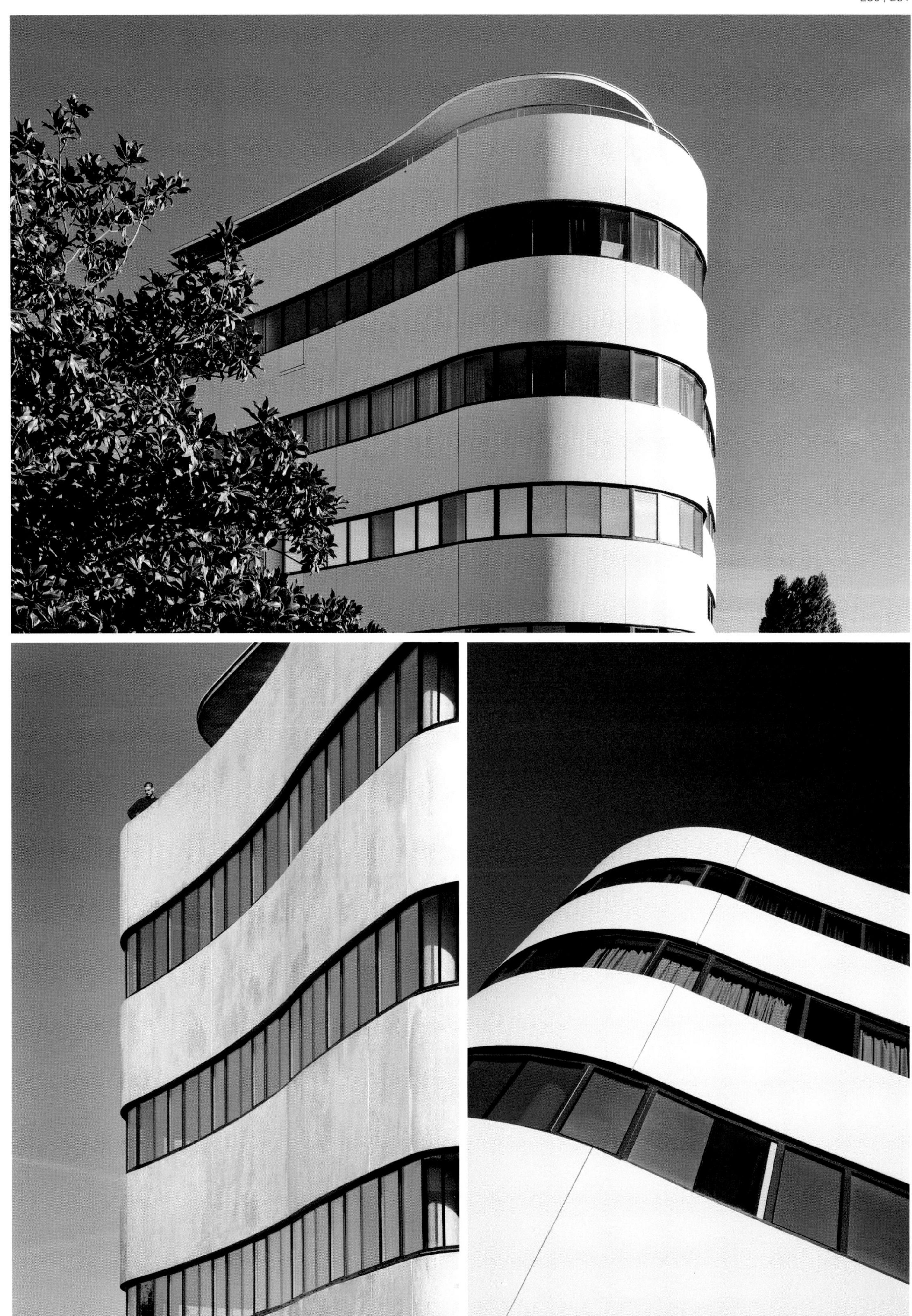

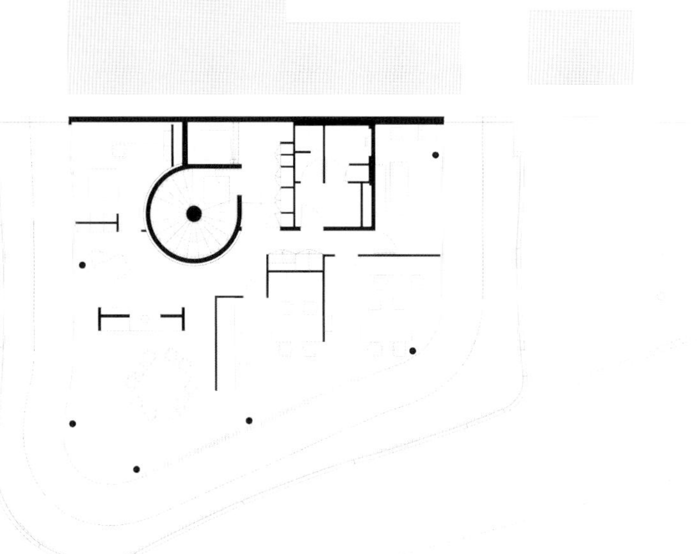

A

0 1 5 m

辉瑞加拿大公司总部大楼

设计单位：Menk è s Shooner Dagenais LeTourneux Architectes
竣工时间：2011年
项目地点：加拿大魁北克省柯克兰德湖区
项目面积：21 160 m^2
摄 影 师：斯蒂芬·格罗里奥

辉瑞加拿大公司发表明确声明对其公司总部进行改建。此次改建工程中建筑设计的主要目的是提升公司在加拿大公路旁的公司形象。设计理念是采用透明的玻璃结构向全球展示公司总部的内部空间。为了确保在该地区树立稳定的企业形象，我们围绕着对透明泡罩包装的思路进行设计。生物制药生产过程中的这一重要特征被用做主要视觉表现手法，顺利完成建筑立面、外墙以及装饰元素的设计。

这个蜂窝状的建筑结构经过调整后，被成功打造成一个高雅的图案，根据不断变化的灯光呈现出多样化的纹理。立面上的幕墙形式与当地砖块的尺寸和纹理相同，并且采用从银色到金黄色等丰富的颜色搭配。辉瑞公司的蓝色徽标非常醒目，在建筑外立面和内部核心空间均清晰可见。该项目在工业园区、公路、辉瑞公司和建筑之间成功实现了一种有机联系。建筑立面生动活泼又具有时代感，象征着公司团结统一的企业文化。建筑内部为员工提供了崭新、健康和充满活力的工作空间，继续实现更大的经济影响力，同时吸引更多有才之士。

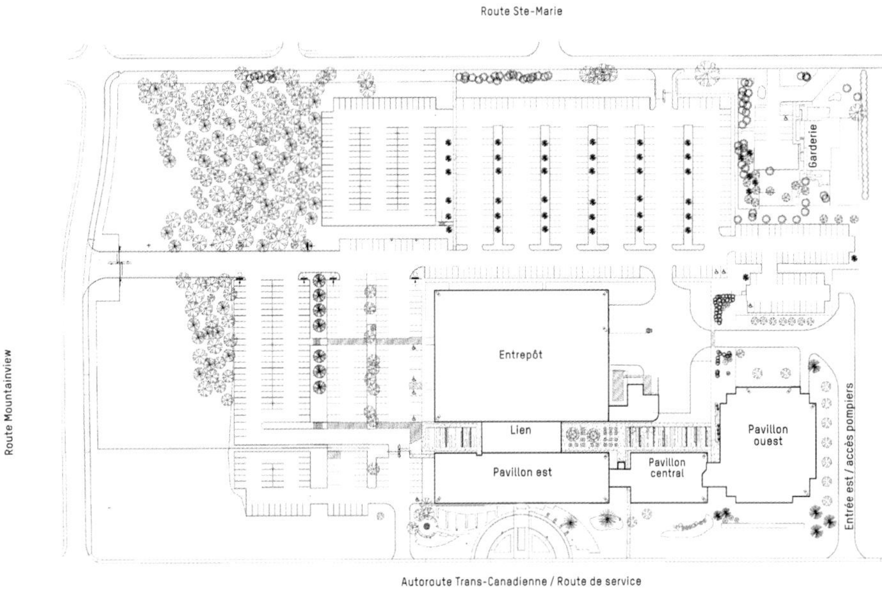
Route Ste-Marie
Garderie
Route Mountainview
Entrepôt
Lien
Pavillon est
Pavillon central
Pavillon ouest
Entrée est / accès pompiers
Autoroute Trans-Canadienne / Route de service

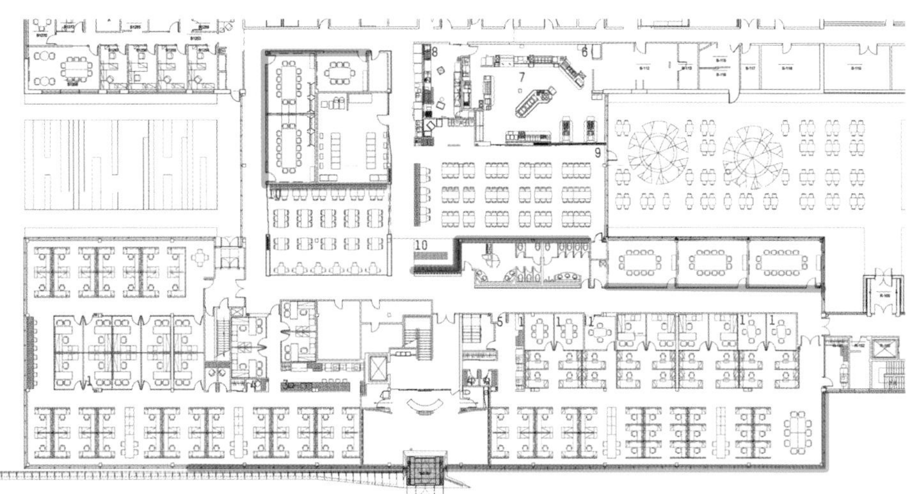

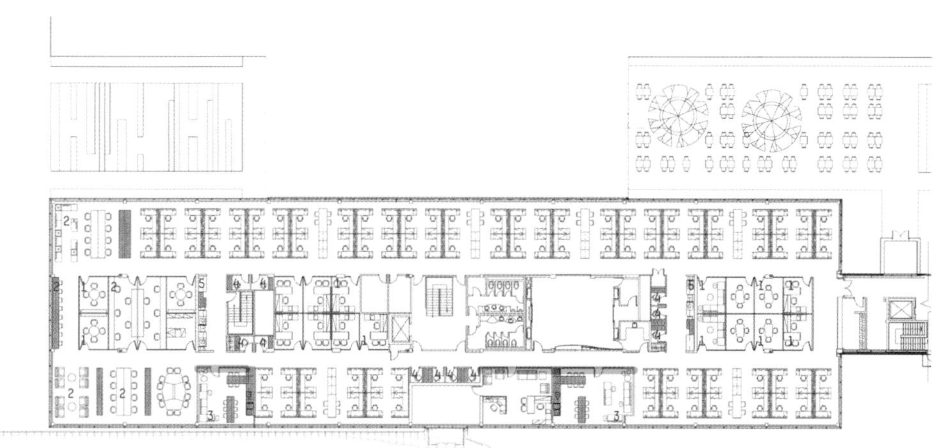

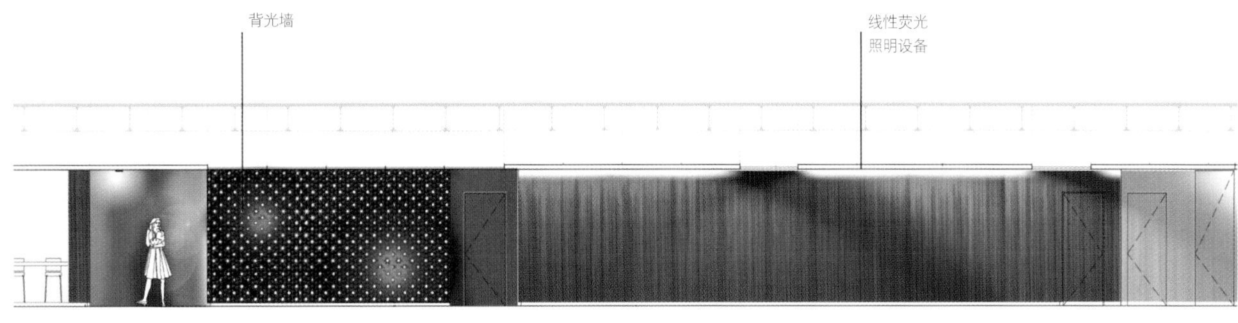

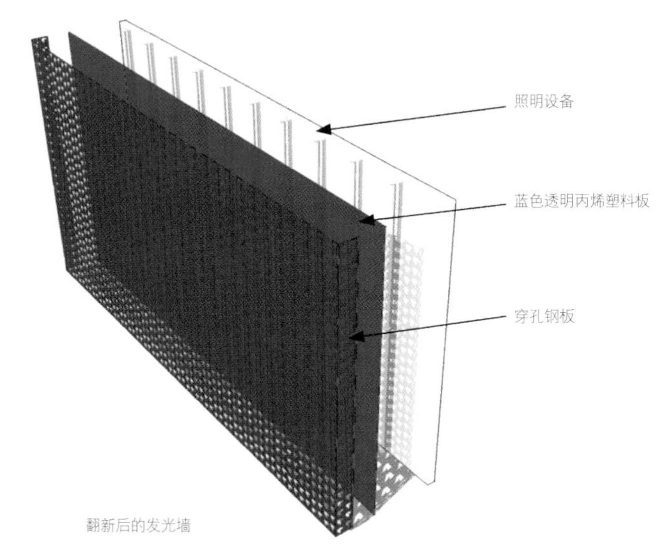

翻新后的发光墙

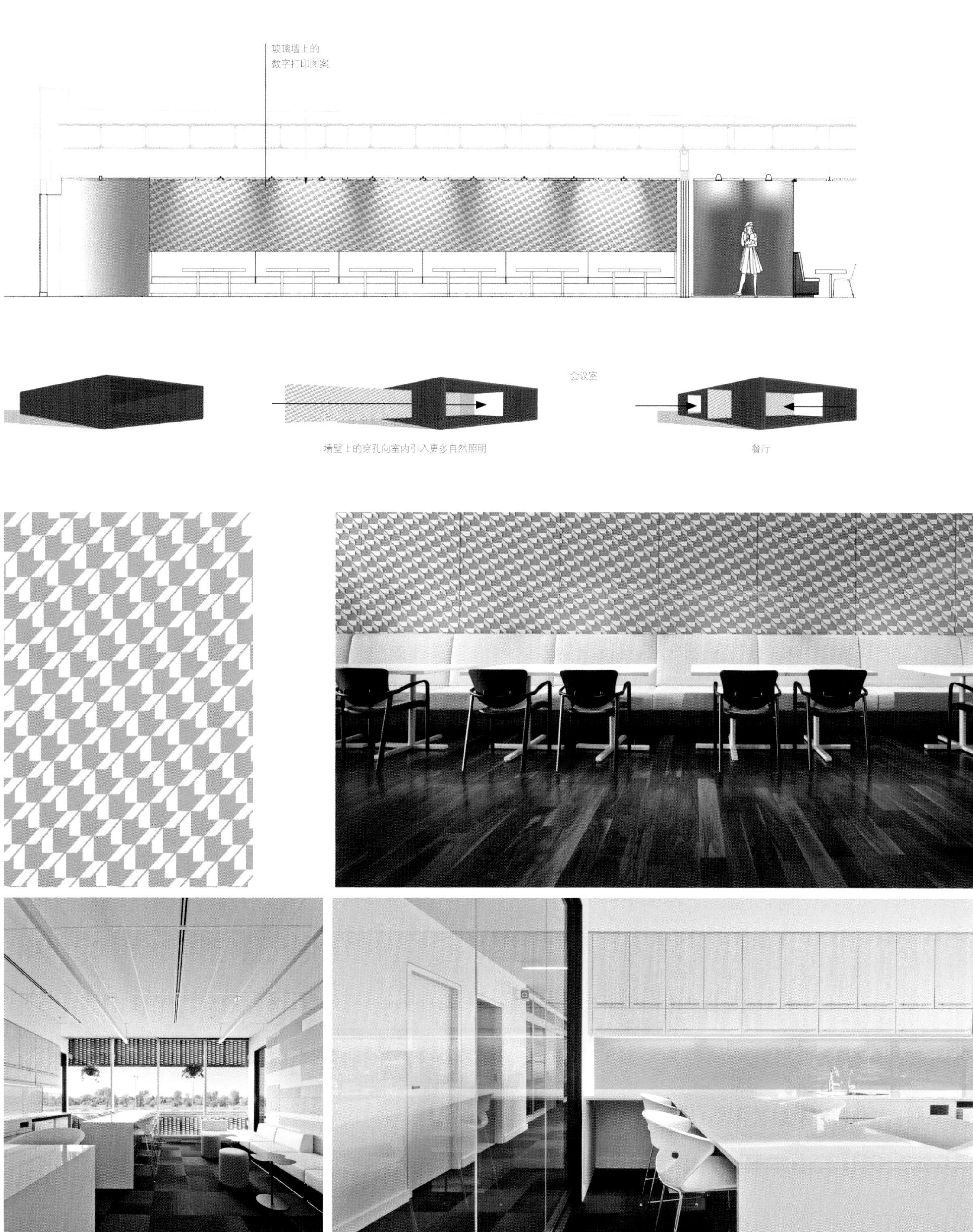
玻璃墙上的
数字打印图案
会议室
墙壁上的穿孔向室内引入更多自然照明
餐厅

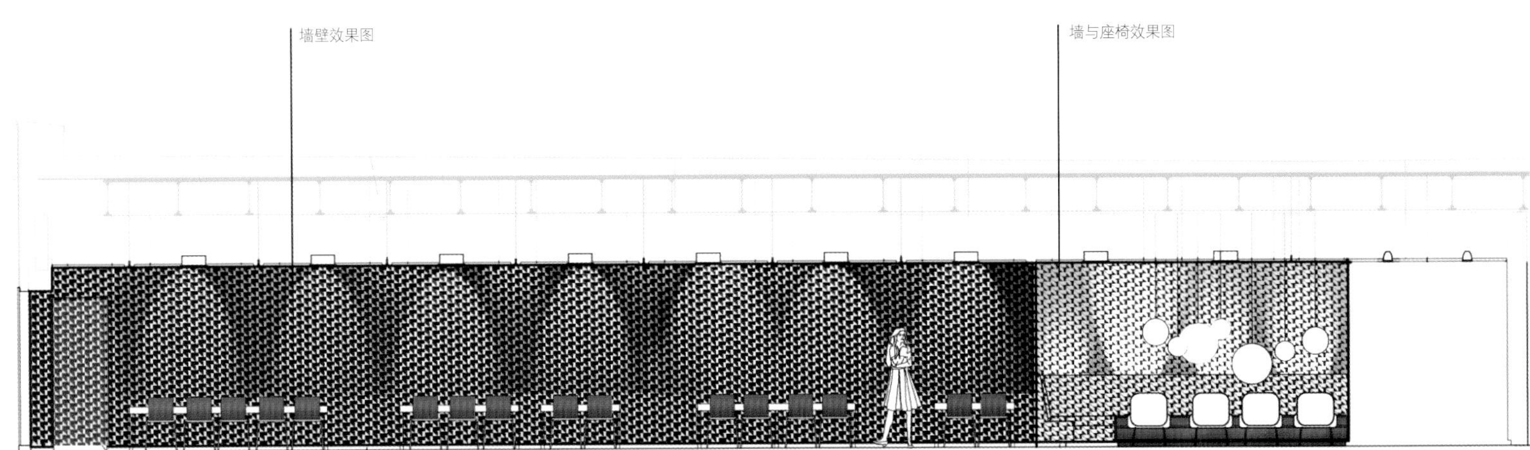

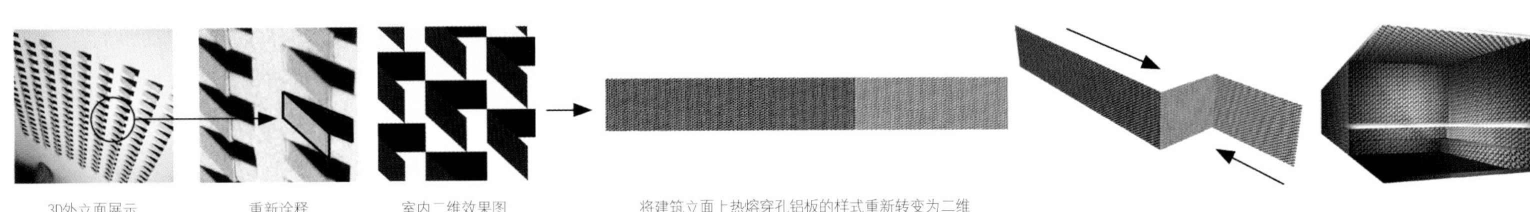

将建筑立面上热熔穿孔铝板的样式重新转变为二维效果。将重新设计后的两种结构样式安装在滑动平面上，形成公共空间中第一个概念元素。

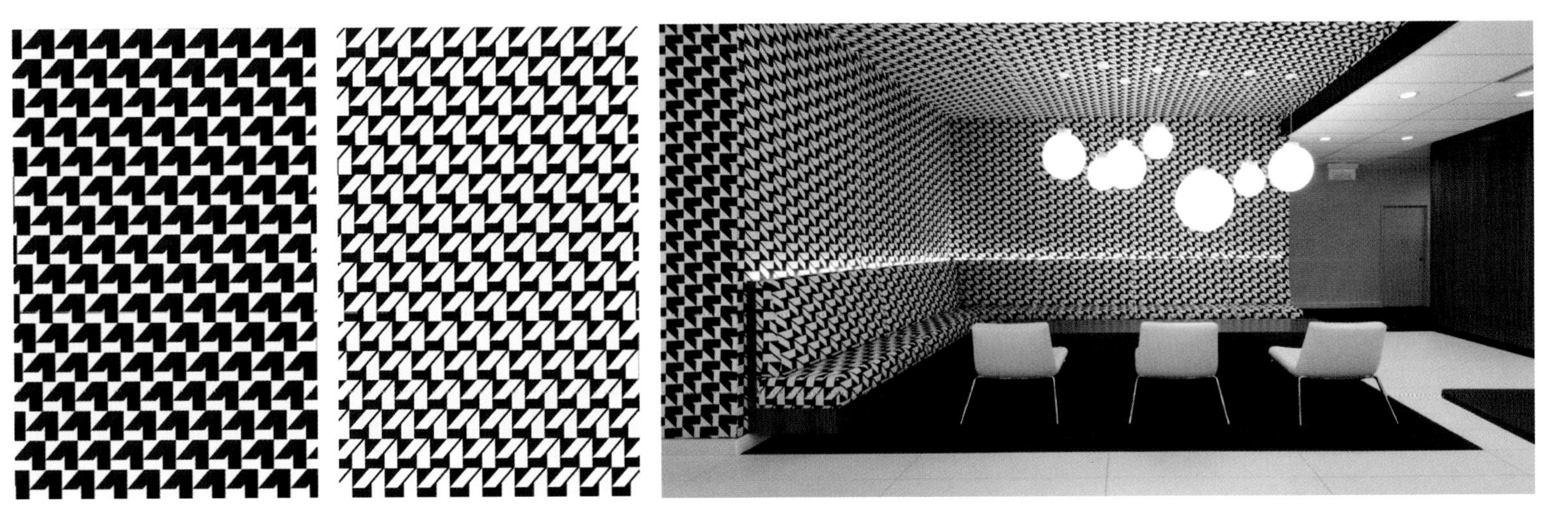

沙乐华总部大楼

设计单位：Cino Zucchi Architetti and Park Associati (Filippo Pagliani, Michele Rossi)
竣工时间：2011年
项目地点：意大利波尔查诺市
项目面积：30 595 m^2
摄 影 师：阿尔贝托·斯尼加格里亚、安德雷·马尔提拉多纳、西诺·祖奇、奥斯卡·达利兹、斯塔尔博·皮切勒

新沙乐华总部大楼是波尔查诺地区最著名的建筑之一，坐落于波尔查诺高速公路附近，拥有得天独厚的地理条件，被称为“景观”大楼，与周围高耸的峭壁形成鲜明对比。大楼里有新建的工作区和一家室内攀岩馆，目的是为公司和其供应商网络、合作伙伴和客户提供互动和交流空间。日常生活中不同元素都汇集在这座新建的总部大楼中，包括健身中心、社交空间、工作区以及休闲娱乐设施等。沙乐华总部大楼由一系列多面型板楼和高层结构组成，包括一栋50米高的建筑，建造时其是该市的最高建筑。该项目包括电镀微孔铝制面板，利用巨大的直立玻璃外罩对大楼最外露的部分进行保护，成功营造出一种水晶般的视觉效果。薄片金属状支柱和精美的防护层之间相互作用，形成幕墙，并突出了可见区和隐藏区之间的对比。这座综合大楼位于极为有利的地理位置，成为物质和非物质联系的复杂网络中的信息交流之地，同时也构成了现代公司的企业形象。

整体规划图

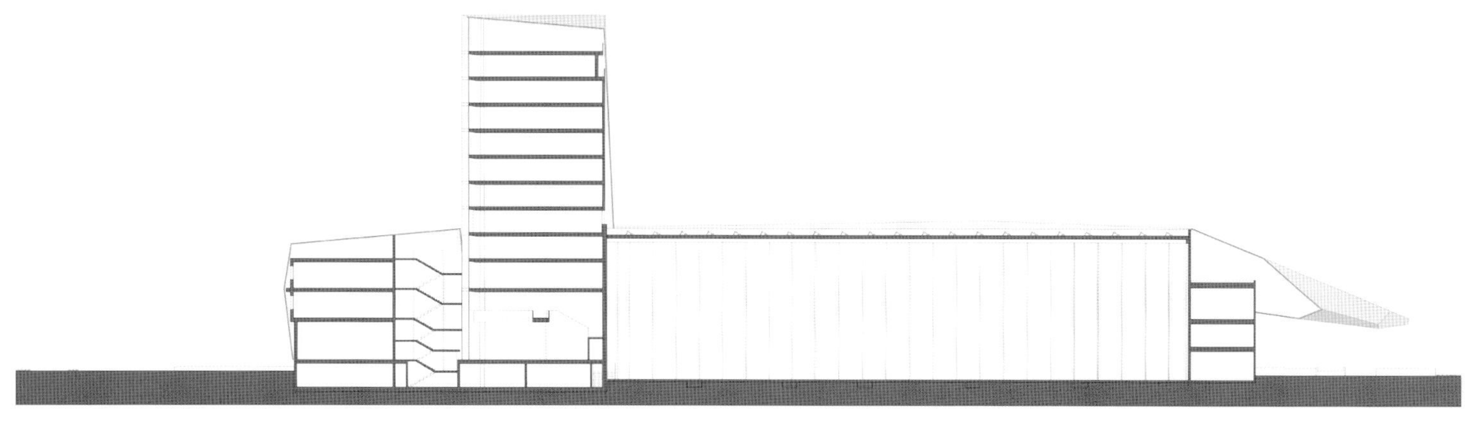

西剖面图

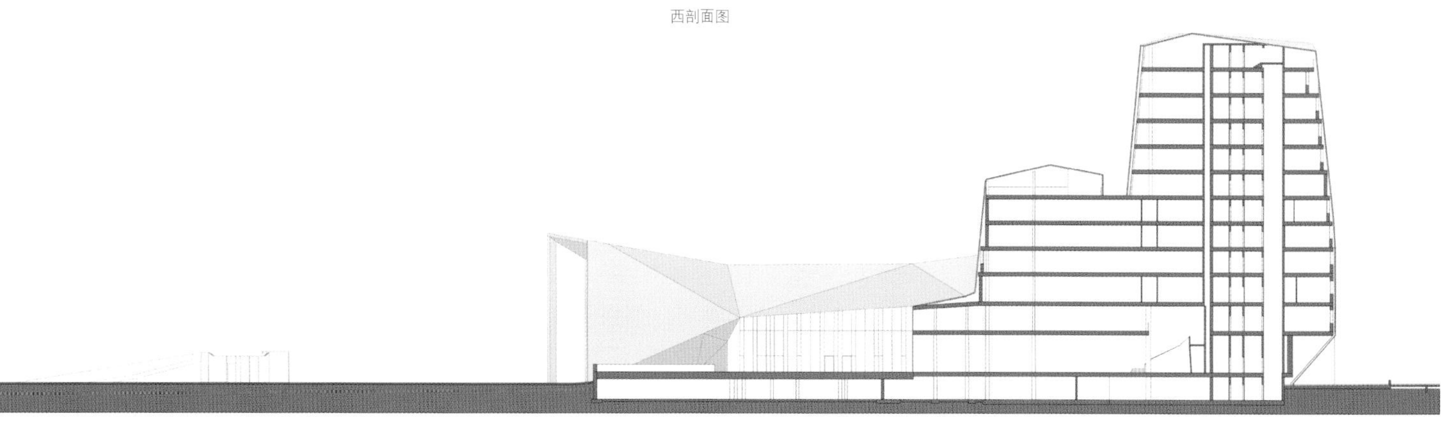

北剖面图

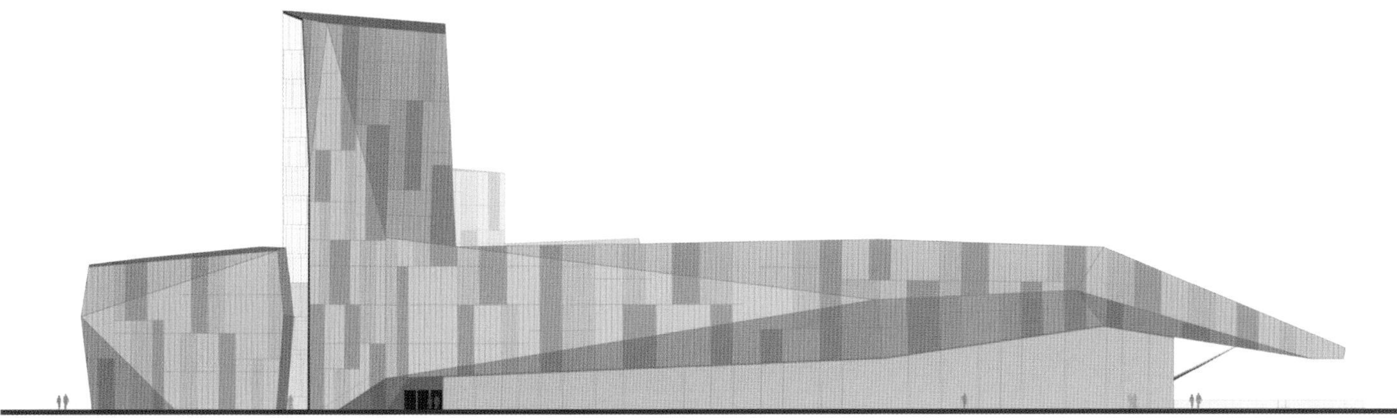

西立面图

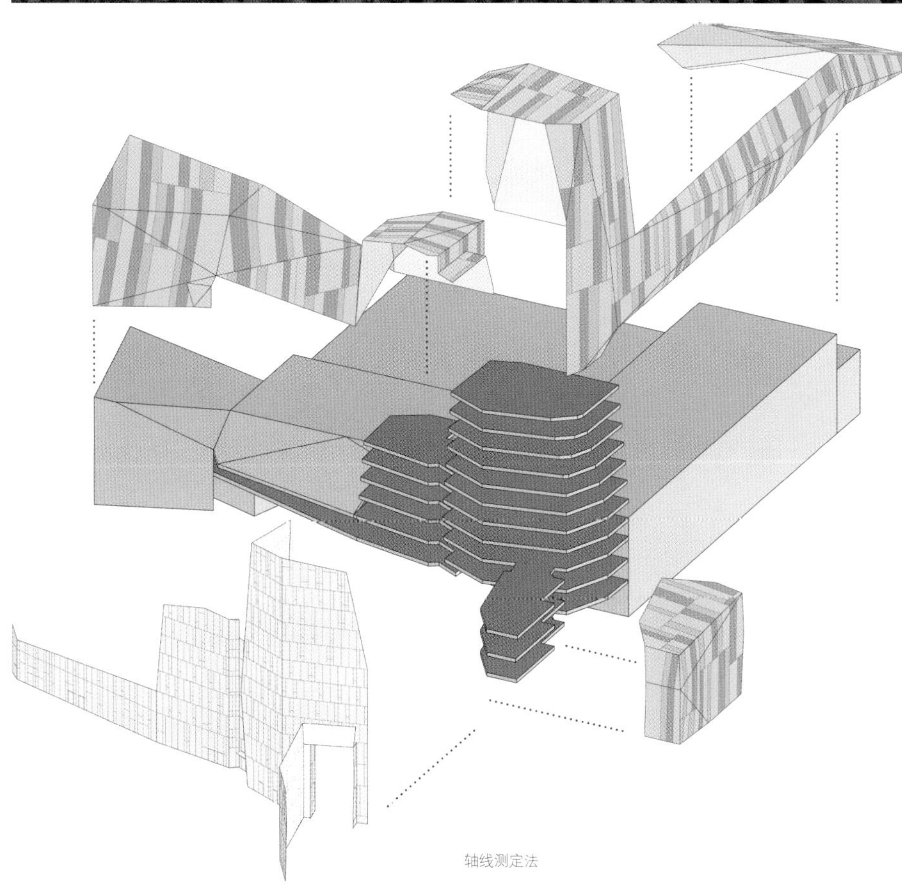

轴线测定法

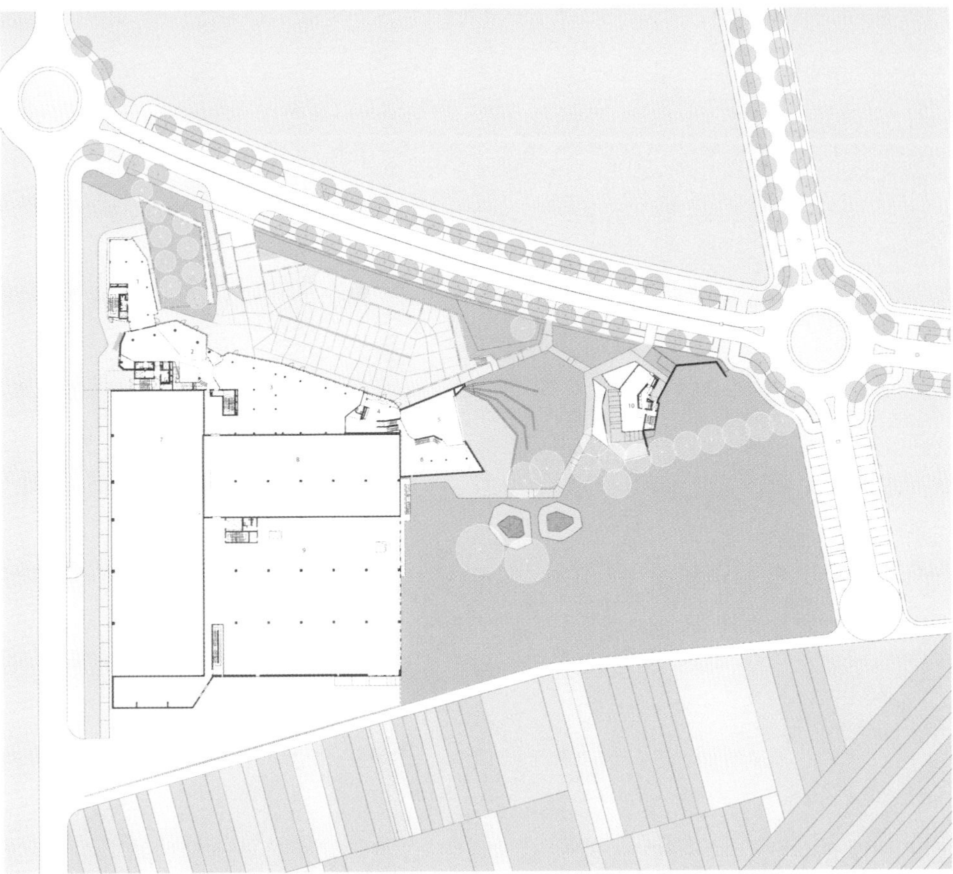

底层平面图

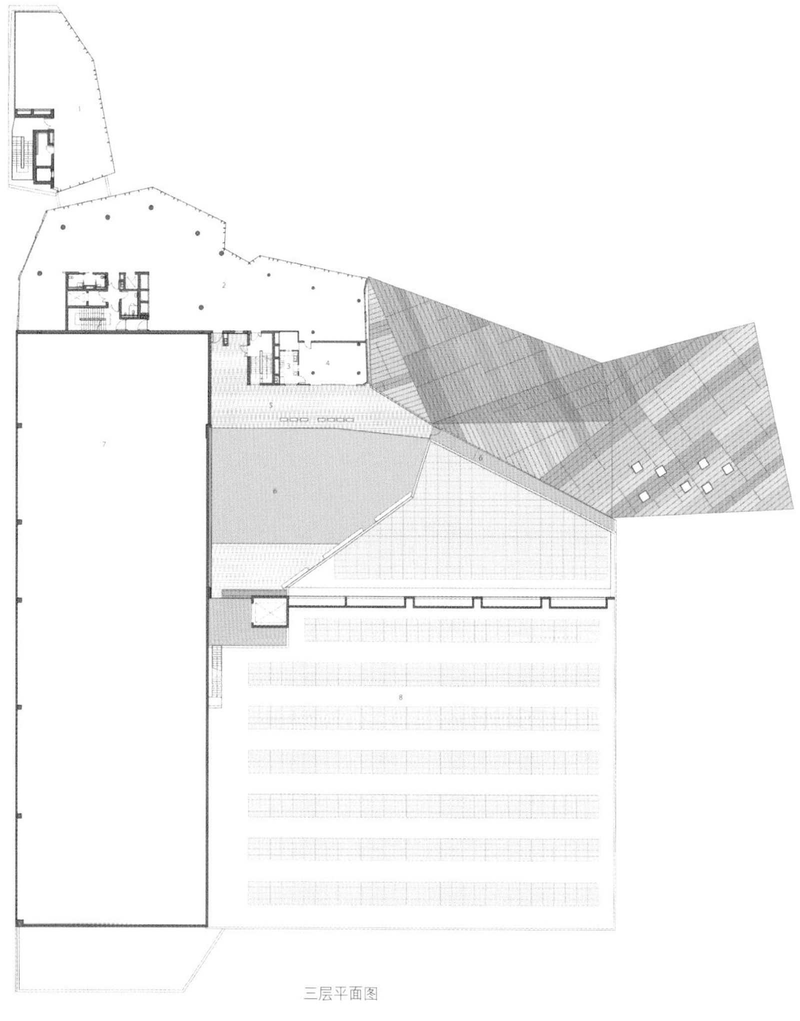

三层平面图

严实公司总部

设计单位：Davide Macullo Architects
业　　主：严实股份公司
竣工时间：2012年
项目地点：瑞士欧贝里特镇
项目面积：3 705 m²
建筑面积：1 100 m²
楼面面积：3 300 m²

该项目是严实股份公司的新地标性总部建筑，是建筑师与客户之间通过紧密合作历经两年取得的成果。

该建筑为天际线增添了新元素，将工业区和老城区相互连接起来，其三角形设计灵感源自欧贝里特镇传统斜屋顶设计。该项目利用创新技术，同时采用了新的设计细节和尚未在建筑行业内使用的新材料，如外立面系统的结构型玻璃细节（严实公司生产）和内部的玻璃防火门。大楼的供暖、通风、采光及能源消耗都严格符合瑞士“迷你能源”标准，也就是说大楼已经获得了卓越的可持续性认证，例如，大楼的供暖通风系统因大楼的结构壳板而获得了“TAPS”认证。

严实公司在该项目上的主要目标之一就是将厂区打造成一处对其所有员工而言都充满创造性和魅力的空间。大楼的工作空间是开放的，每一位员工工作的隔间都是定制的（很多设施都是为该项目定制的，都是从已经选定的Alias及Cappellini品牌中挑选出来的）。

总平面图

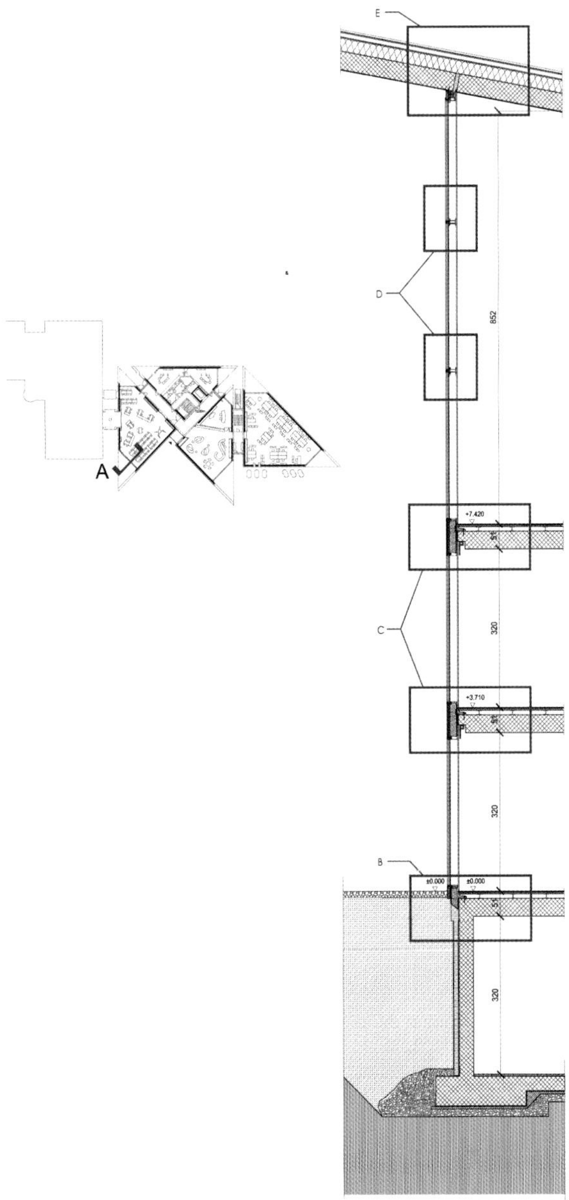

剖面图

图例
1. 灰泥
2. 混凝土墙250毫米
3. 玻璃棉绝缘材料140毫米
4. 水平木条60毫米×80毫米
5. 玻璃棉绝缘材料 60毫米
6. 防风层（珍珠白色）
7. 限位螺栓7×275毫米
8. 固定螺丝（灰色）
9. 矩形截面、
白色20毫米×40毫米×2.0毫米
10. 莱茵锌暗色铜绿面板
11. 钛合金底板1.0毫米
12. 可见粘结保护板
13. 硬质绝缘200毫米

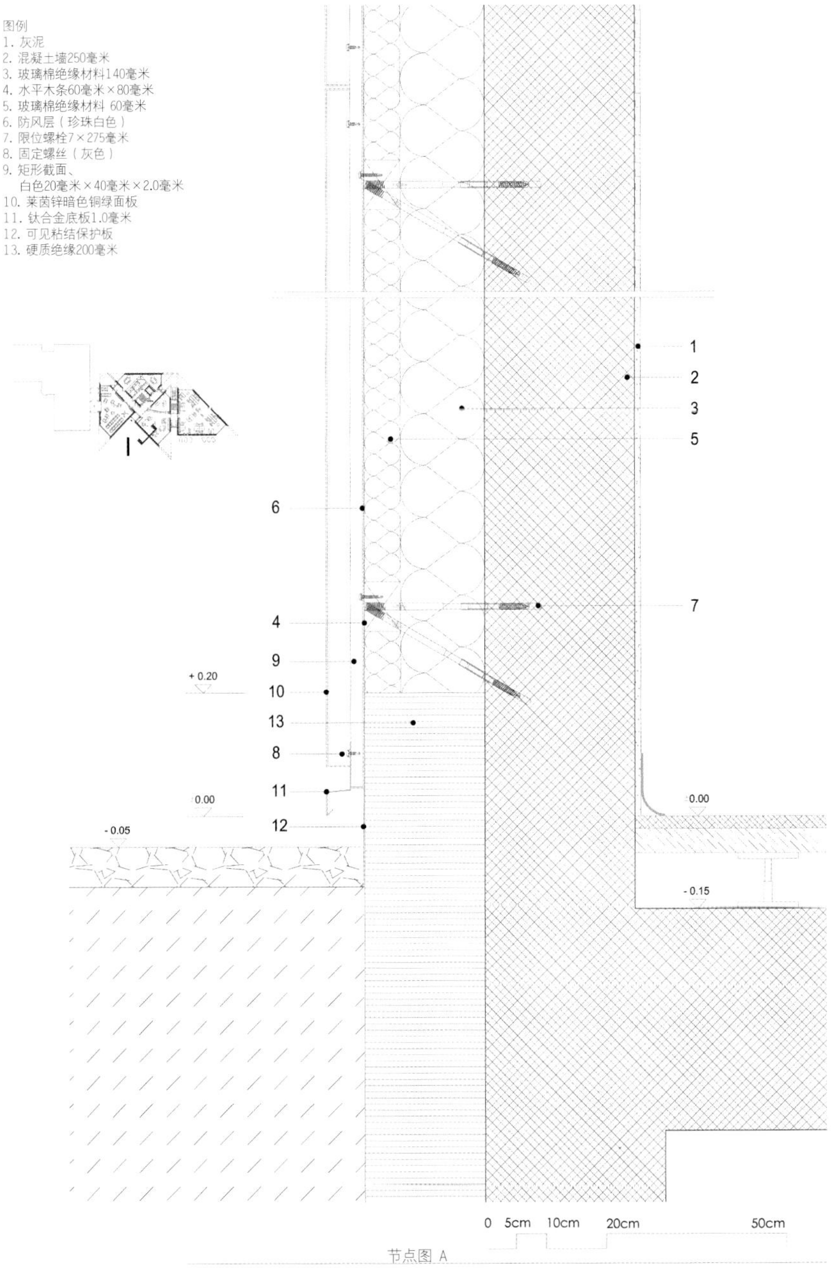

节点图 A

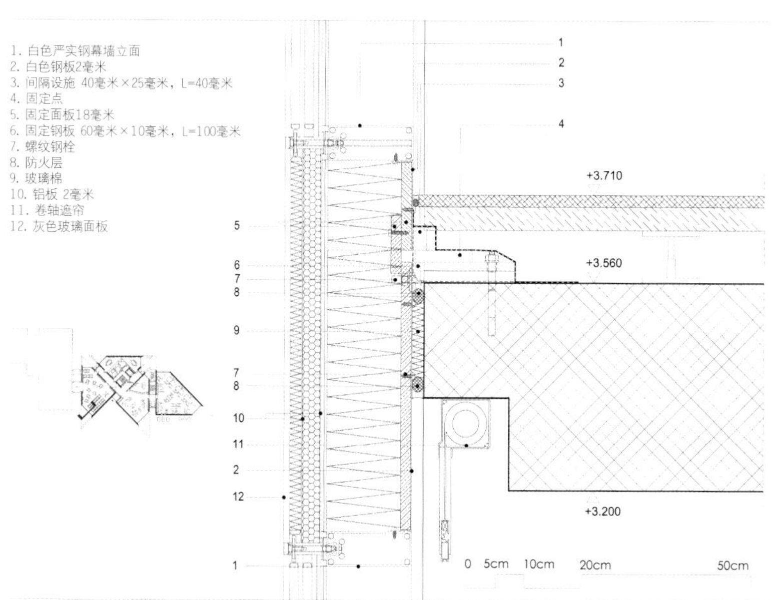

节点图 B

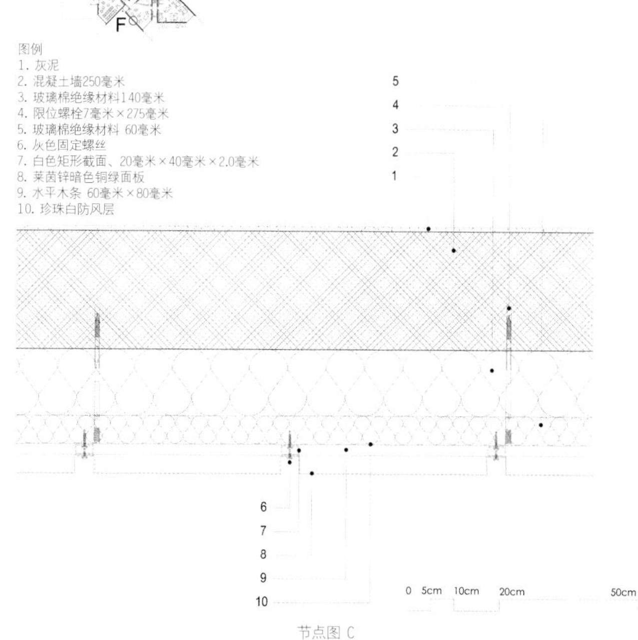

节点图 C

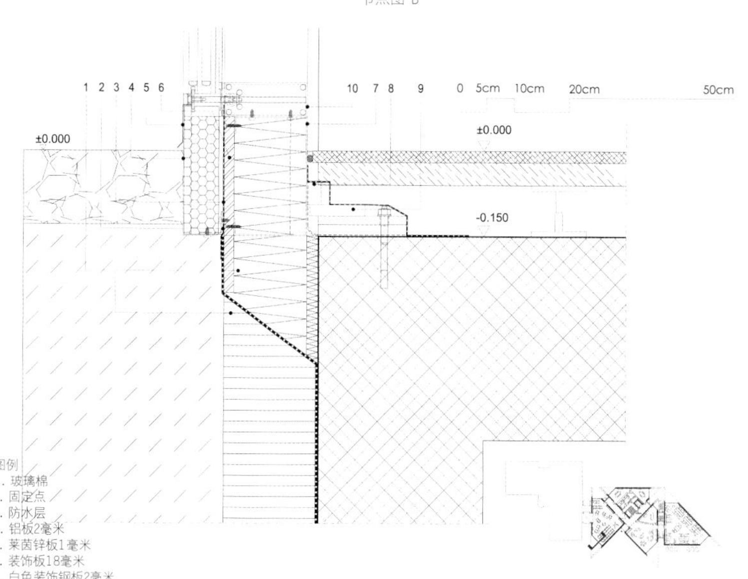

节点图 D

图例
1. 灰色铝板3毫米
2. 钢板100毫米×12毫米，L=200毫米
3. 灰色铝板2毫米
4. 白色装饰钢板2毫米
5. 减震板1毫米
6. 白色装饰钢板2毫米
7. 钢板50毫米×20毫米，L=200毫米
8. 白色严实钢幕墙
9. 固定销钉
10. 钢筋混凝土
11. 防汽层
12. 玻璃棉260毫米
13. Arbex面板24毫米
14. 空隙80毫米
15. 刚性支撑板27毫米
16. 暗铜绿色莱茵锌拐角直立缝68毫米

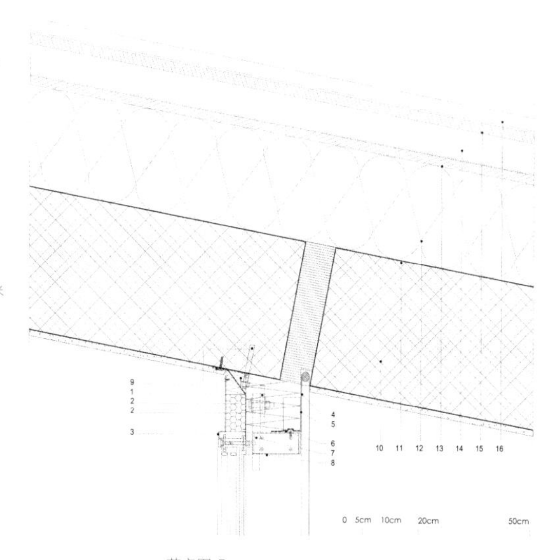

节点图 E

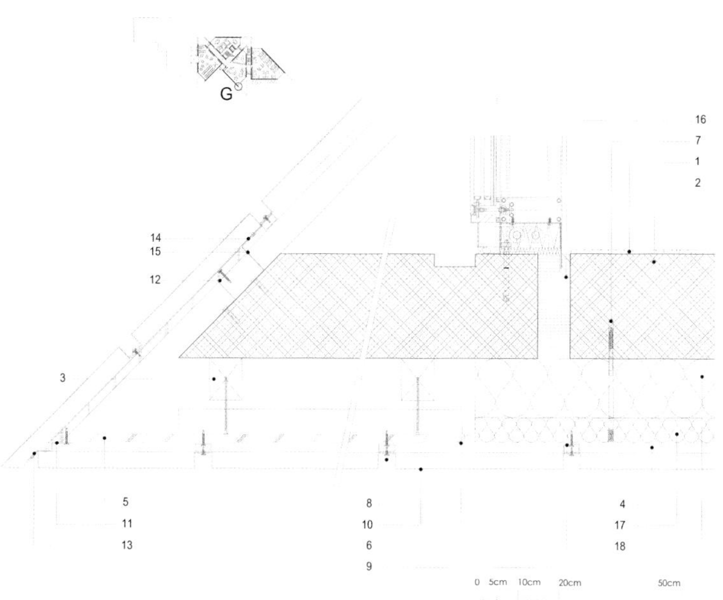
G
16
7
1
2
14
15
12
3
5
11
13
8
10
6
9
4
17
18
0 5cm 10cm 20cm 50cm

节点图 E

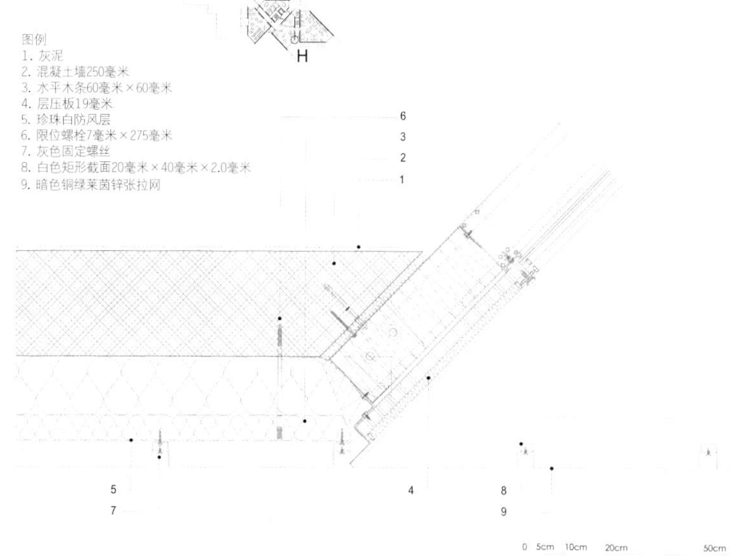
H
图例
1. 灰泥
2. 混凝土墙250毫米
3. 水平木条60毫米×60毫米
4. 层压板19毫米
5. 珍珠白防风层
6. 限位螺栓7毫米×275毫米
7. 灰色固定螺丝
8. 白色矩形截面20毫米×40毫米×2.0毫米
9. 暗色铜绿莱茵锌张拉网
6
3
2
1
5
7
4
8
9
0 5cm 10cm 20cm 50cm

节点图 F

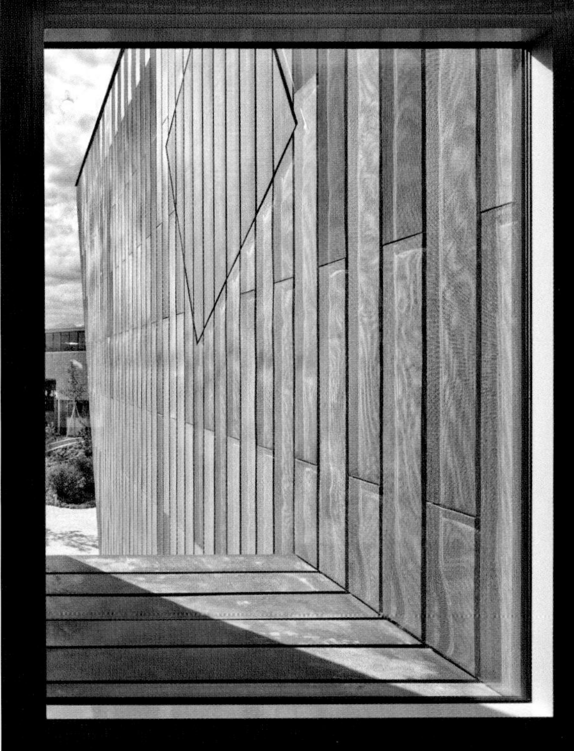

图例
1. 固定螺丝M5×16毫米
2. 钢筋幕墙
3. 三层透明玻璃
4. 带有垂直竖框的T形连接

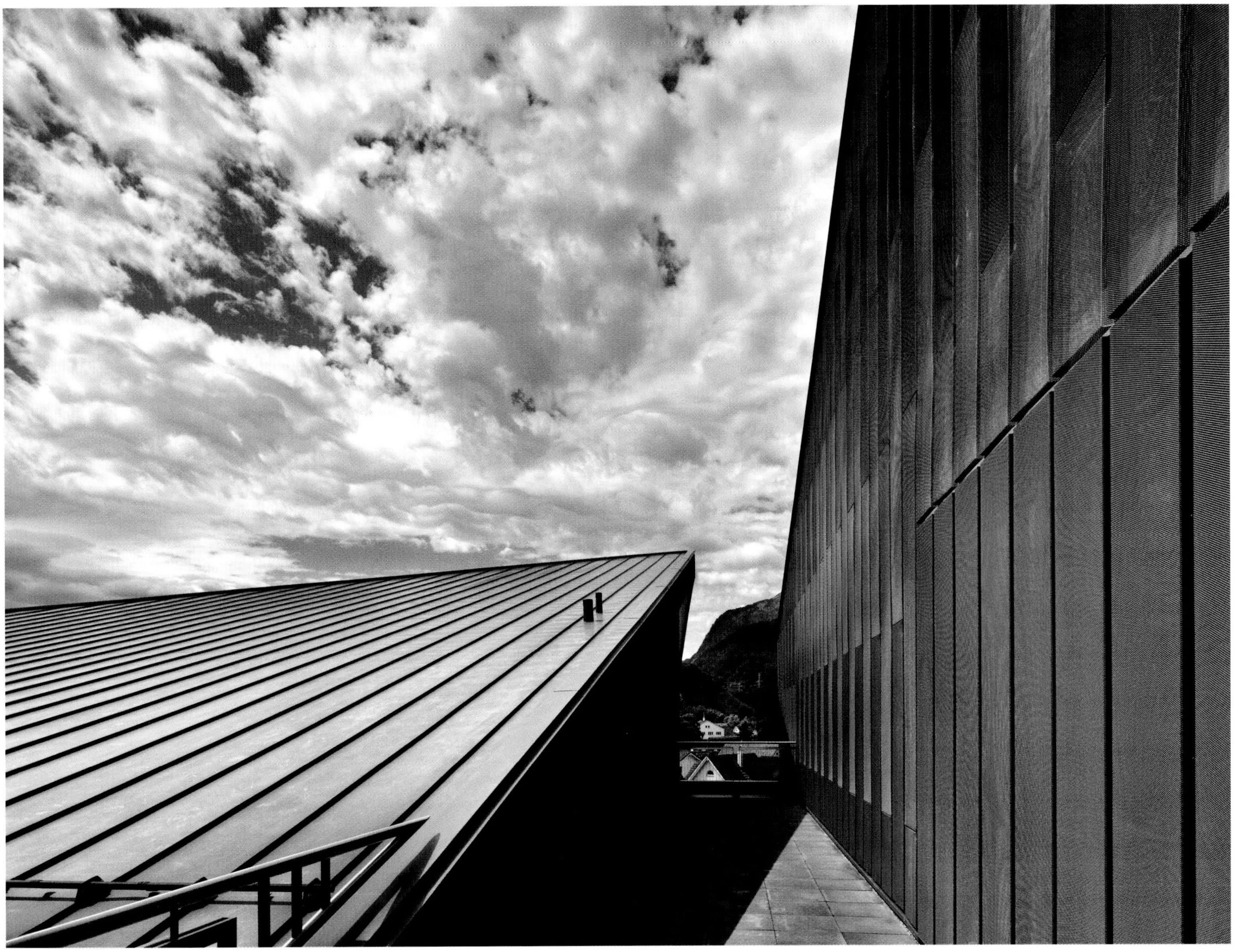

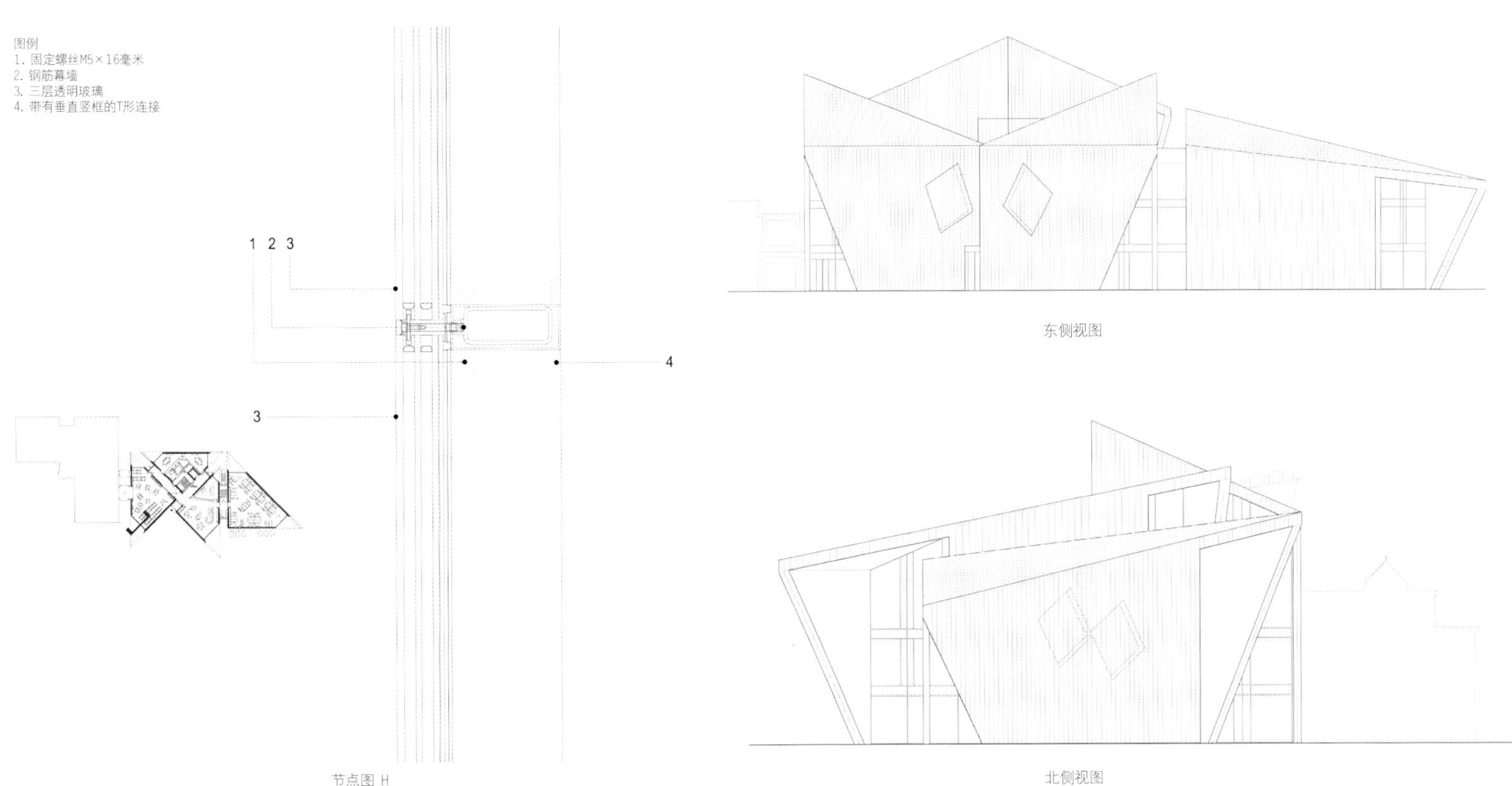

节点图 H

东侧视图

北侧视图

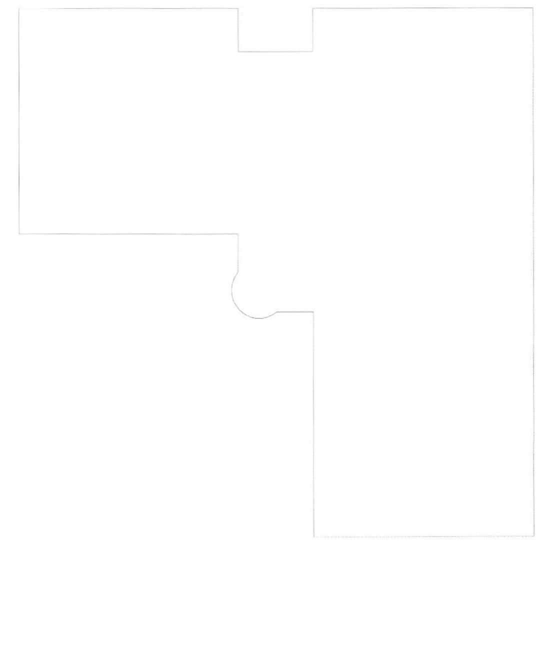

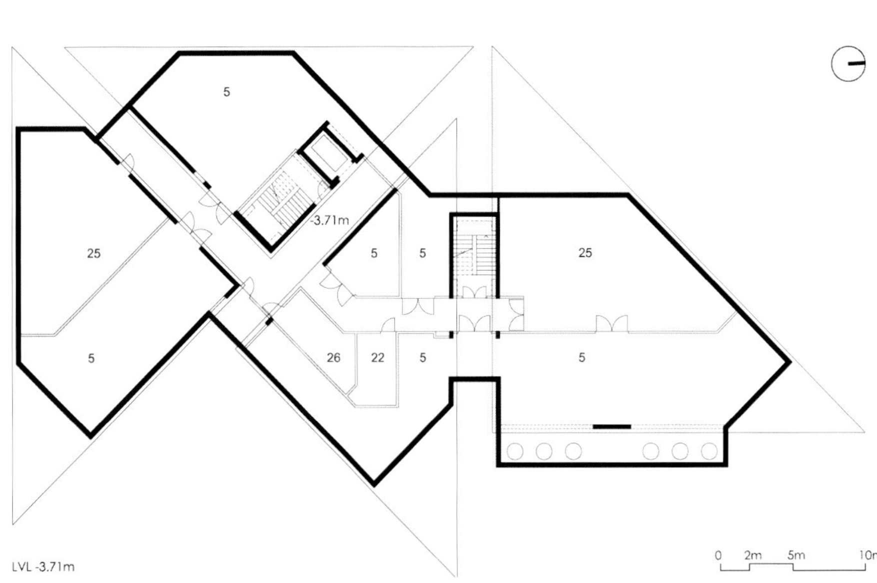
5
25
5
-3.71m
5
5
25
26
22
5
5
LVL -3.71m
0 2m 5m 10m

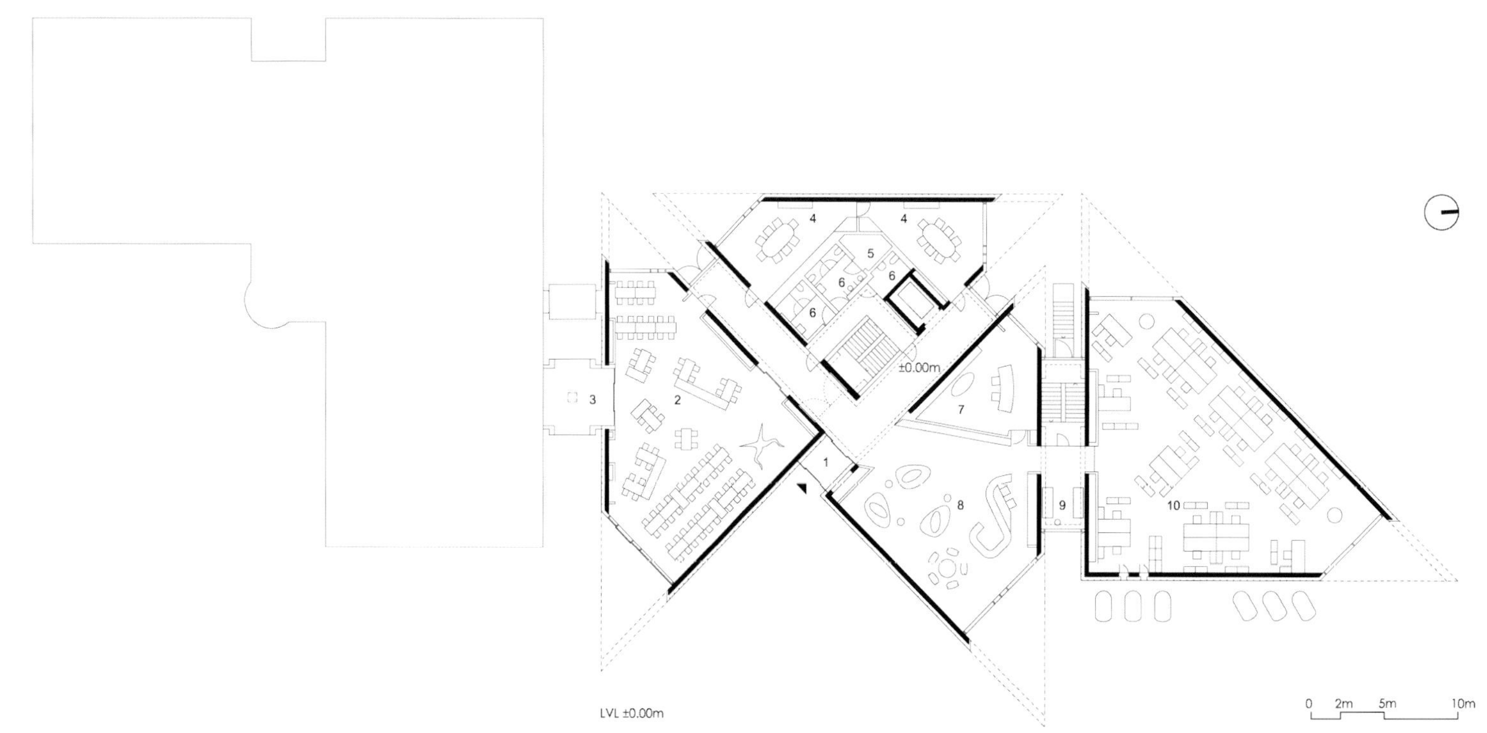
1
2
3
4
4
5
6
6
6
±0.00m
7
8
9
10
LVL ±0.00m
0 2m 5m 10m

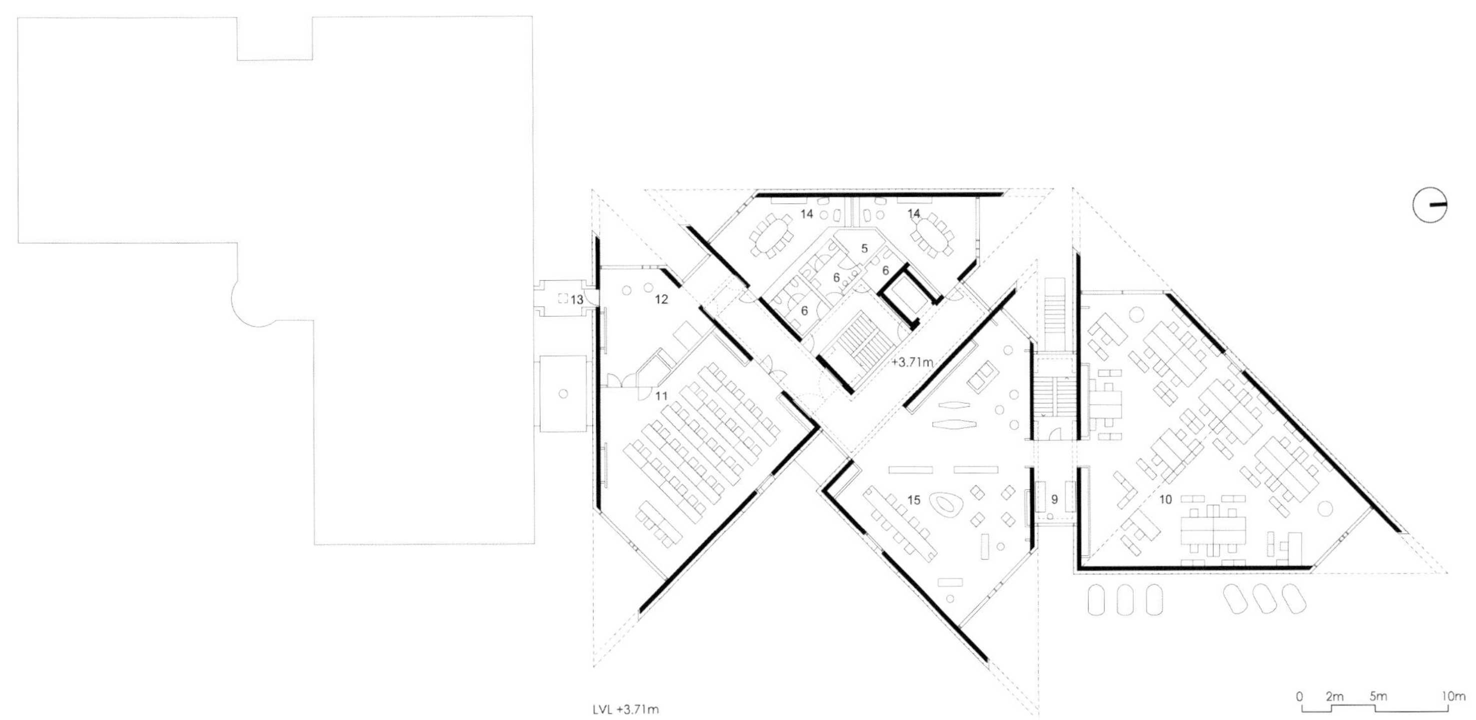
14
14
5
6
6
6
13
12
+3.71m
11
15
9
10
LVL +3.71m
0 2m 5m 10m

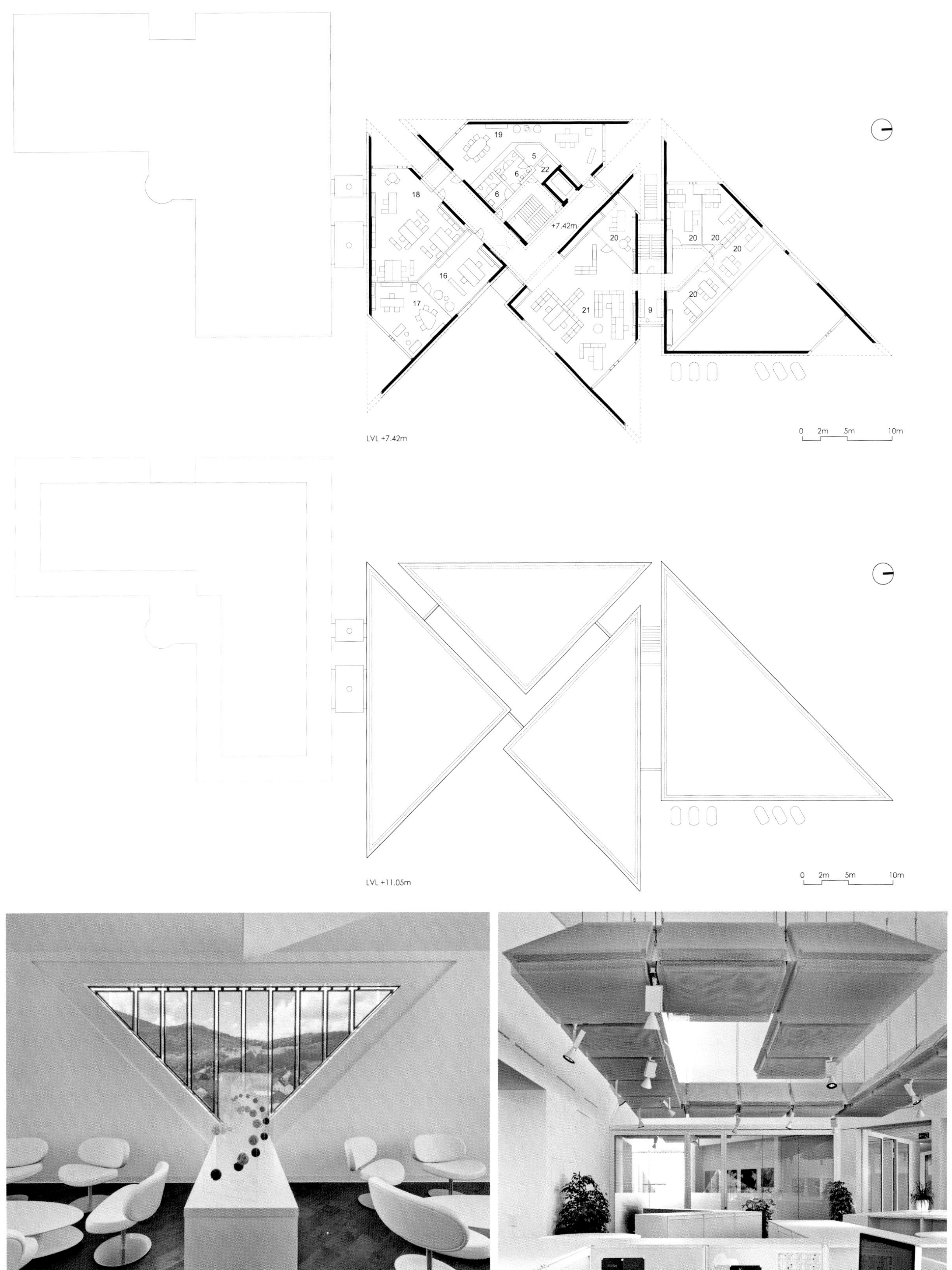
19
5
6
22
18
6
+7.42m
20
20
20
20
16
20
17
21
9
LVL +7.42m
0 2m 5m 10m
LVL +11.05m
0 2m 5m 10m